CHANYE ZHUANLI
FENXI BAOGAO

产业专利分析报告

（第92册）——可持续航空燃料

国家知识产权局学术委员会◎组织编写

知识产权出版社
全国百佳图书出版单位
—北京—

图书在版编目（CIP）数据

产业专利分析报告．第92册，可持续航空燃料/国家知识产权局学术委员会组织编写．—北京：知识产权出版社，2023.7

ISBN 978－7－5130－8635－6

Ⅰ.①产…　Ⅱ.①国…　Ⅲ.①专利—研究报告—世界　Ⅳ.①G306.71

中国国家版本馆CIP数据核字（2023）第002790号

内容提要

本书是可持续航空燃料的专利分析报告。报告从该行业的专利（国内、国外）申请、授权、申请人的已有专利状态、其他国家的专利状况、同领域领先企业的专利壁垒等方面入手，充分结合相关数据，展开分析，并得出分析结果。本书是了解该行业技术发展现状并预测未来走向，帮助企业做好专利预警的必备工具书。

责任编辑：王玉茂　王瑞璞　　**责任校对**：潘凤越
执行编辑：房　曦　　**责任印制**：刘译文

产业专利分析报告（第92册）
——可持续航空燃料
国家知识产权局学术委员会　组织编写

出版发行：知识产权出版社有限责任公司	网　　址：http://www.ipph.cn
社　　址：北京市海淀区气象路50号院	邮　　编：100081
责编电话：010－82000860转8116	责编邮箱：wangruipu@cnipr.com
发行电话：010－82000860转8101/8102	发行传真：010－82000893/82005070/82000270
印　　刷：天津嘉恒印务有限公司	经　　销：新华书店、各大网上书店及相关专业书店
开　　本：787mm×1092mm　1/16	印　　张：9.75
版　　次：2023年7月第1版	印　　次：2023年7月第1次印刷
字　　数：220千字	定　　价：68.00元

ISBN 978－7－5130－8635－6

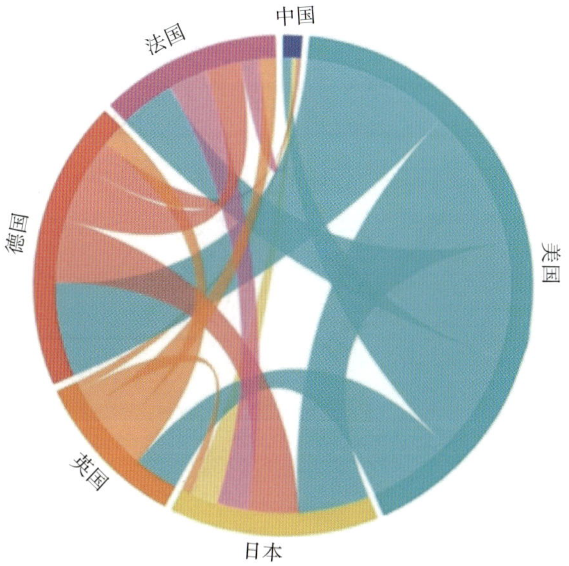

图 3-1-4　可持续航空燃料关键技术全球专利主要申请国技术流向趋势

（正文说明见第 26 页）

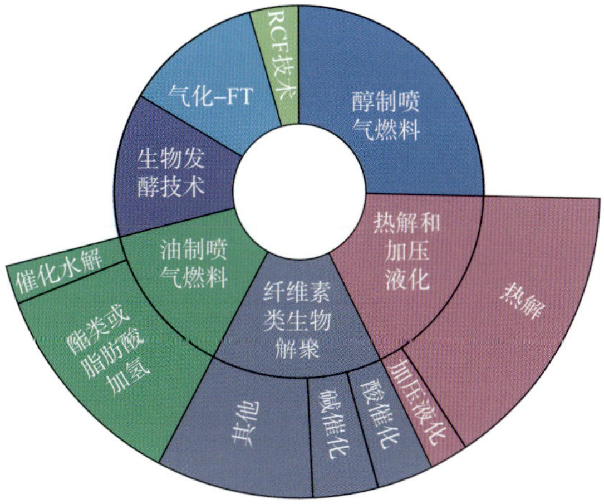

图 4-2-7　可持续航空燃料关键技术制造工艺分支全球专利布局

（正文说明见第 45 页）

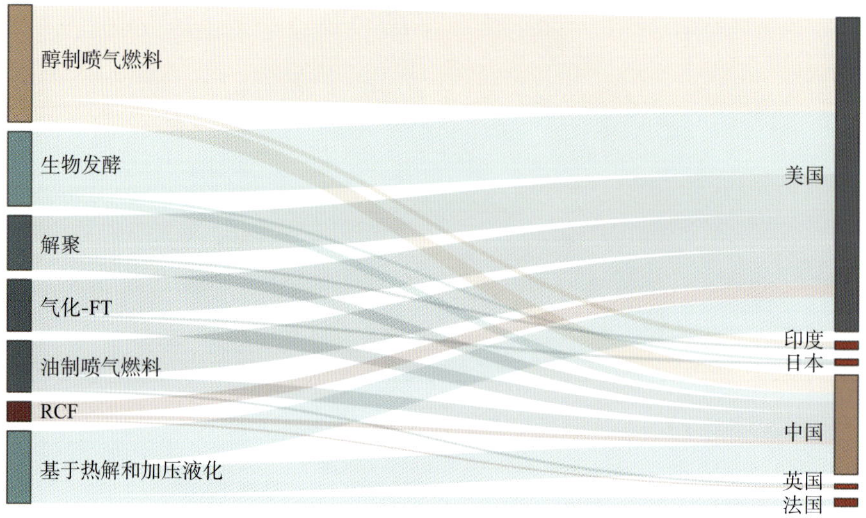

图 4-2-8　可持续航空燃料关键技术制造工艺全球专利不同技术分支主要国家分布

（正文说明见第 45 页）

注：线条粗细表示申请量多少。

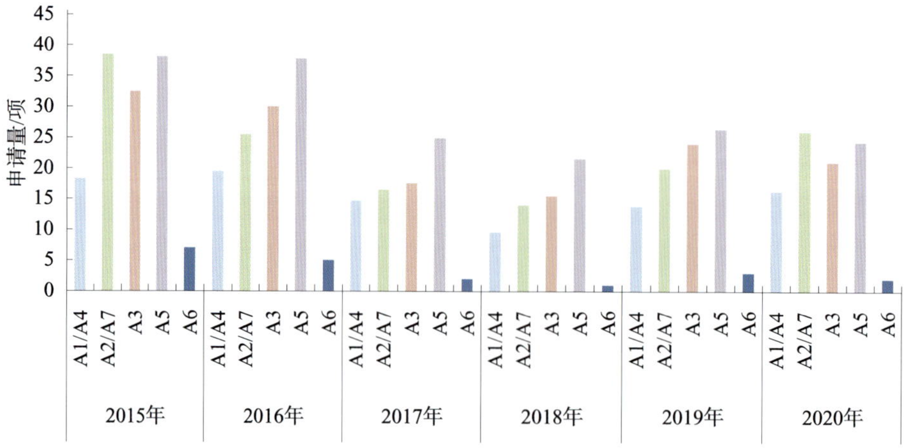

图 5-2-2　可持续航空生物燃料领域 ASTM D7566 标准相关技术路线全球各工艺路线专利申请量对比

（正文说明见第 50 页）

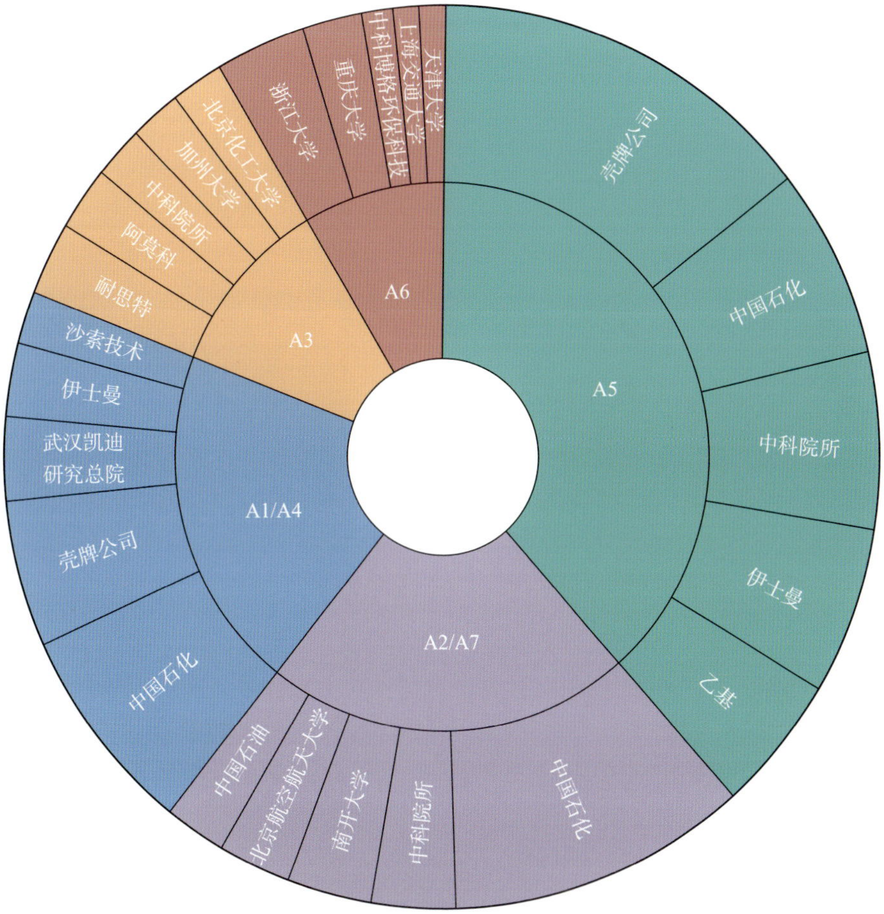

图 5-2-8　可持续航空生物燃料领域 ASTM D7566 标准相关工艺路线在华申请主要专利申请人

（正文说明见第 53 页）

	2010~2014年	2015~2017年	2018~2022年
原料预处理	去除金属/阴离子/氧/磷 (US20150167241A1) 降低含水量/硫氮含量 (US20150166898A1) 超声微波处理 (WO2011039635A2) Nova Pangaea 电离辐射 (US20160237103A1) 艾克西莱		
解聚工艺	工艺条件：温度/溶剂/压力 (CN105026645A) 固体分离/降低黏度 (US20170001933A1、CN104755590A) 反应装置：回收再加工/供氢/木质素处理 (CN105828929A、CN105579556A、CN104755591A)	汽提水解 (CN110923001B) 中科院所 溶剂 (CN107200722A) 中国石化 水相工艺/生物质处理溶剂 (US20170058370A1、US9493849B2) 维仁特	两相反应溶剂 (CN111218308B) 中科院所
解聚催化剂	催化剂合成/分布/寿命/选择性/孔隙率 (CN104471145A、CN104822803A、CN104755593) 水相反应催化剂/杂多酸/碱性树脂/多相催化剂 (US20100076233A1、US8710281B2、US20140051872A1、US9314778B20) 维仁特		
缩合工艺	分馏/循环/异构化 (CN102203217A、CN104066817A、CN104884582A)	环烷烃缩合 (CN107446611B、CN105985216B) 新缩合路线 (CN106701145B、CN107400531B、CN107446612A) 中科院所	分类催化缩合/汽提分离水解 (CN110923001A、CN114891535A) 中科院所缩合工艺 (CN113444540A) 中国石化/华东理工大学
缩合催化剂	催化剂选择 (CN104884163A) 固体酸催化剂 (CN104971775B) 中科院所	离子液催化剂/金属掺杂的固体碱/金属-固体酸双功能催化剂 (CN109718850B、CN107304368B、CN108130112B) 中科院所	钛酸纳米管 (CN110923001A) 中科院所
缩合后处理	加氢脱氧/沉淀除杂/提纯/产物分离 (CN103339228A、CN107109245A、CN104755592A、US20170001933A1)		后处理工艺/催化剂 (CN111040802B、CN113444540A、CN113441139A) 中国石化

壳牌公司　　其他国外申请人　　国内申请人

图 6－3－11　可持续航空燃料领域解聚及碳链加长工艺技术路线

（正文说明见第 82～83 页）

编 委 会

前言

2022年是党和国家历史上极为重要的一年。党的二十大胜利召开，擘画了全面建设社会主义现代化国家的宏伟蓝图，吹响了奋进新征程的时代号角。党的二十大报告指出，加强知识产权法治保障，形成支持全面创新的基础制度。站在新的起点，国家知识产权局学术委员会坚持以习近平新时代中国特色社会主义思想为指导，深入学习贯彻党的二十大精神，深入实施《知识产权强国建设纲要（2021—2035年）》和“十四五”规划，充分发挥知识产权制度供给和技术供给双重作用，持续聚焦破解“卡脖子”技术难题，深化关键核心技术的专利情报分析，加强科技创新的专利大数据支撑，有效服务创新驱动发展。

这一年，国家知识产权局学术委员会在广泛调研产业需求基础上，重点聚焦新一代信息技术、人工智能、清洁能源、新材料、生物医药和高端装备等领域，确定15项研究课题，组织20余家单位220名研究人员开展研究，邀请近百名行业和技术专家指导，历时8个月高质量完成所有研究任务，形成一批突出分析方法、彰显行业特色、体现情报价值的研究成果。遵照示范引领原则，选取其中5项成果继续以《产业专利分析报告》（第89~93册）系列丛书的形式正式出版，技术领域主要涉及EDA、近眼显示、新能源汽车动力电池安全关键技术、可持续航空燃料、航空航天用特种钢材等方面。

《产业专利分析报告》（第89~93册）的顺利出版离不开社会各界一如既往的关心和支持，凝聚着业界的汗水和智慧。希望系列丛书能够在服务行业决策、研发路径选择、布局方向确定和分析方法借鉴等方面为行业和企业提供启发和帮助，助力科技攻关和成果转化运用，为加快实现我国高水平科技自立自强贡献知识产权特有力量。由于研究人员水平有限，书中难免有纰漏之处，所涉及的数据分析和结论建议仅供读者参考。

《产业专利分析报告》丛书编委会

2023年6月

可持续航空燃料产业专利分析课题研究团队

一、项目管理

国家知识产权局专利局： 张小凤　孙　琨　秦　龙

二、课题组

承 担 单 位： 国家知识产权局专利局专利审查协作天津中心
中国民航大学

课题负责人： 岳宗全　丁水汀

课题组组长： 王俊峰

统　稿　人： 张芸芸　龙巧云

主要执笔人： 杨晓军　安　杰　杨鑫超　于慧泽　张文凤　刘慧娟
杨姗姗

课题组成员：

国家知识产权局专利局专利审查协作天津中心：

岳宗全　王俊峰　张芸芸　龙巧云　安　杰　杨鑫超　于慧泽　张文凤
刘慧娟　杨姗姗

中国民航大学：

丁水汀　杨晓军　张宗伟　邓　甜　刘佩佩

三、研究分工

数据检索： 杨鑫超　于慧泽　张文凤　刘慧娟　杨姗姗

数据清理： 安　杰　杨晓军　杨鑫超　张宗伟　于慧泽　张文凤
刘慧娟　杨姗姗　邓　甜　刘佩佩

数据标引： 杨鑫超　于慧泽　张文凤　刘慧娟　杨姗姗

图表制作： 安　杰　杨鑫超　于慧泽　张文凤　刘慧娟　杨姗姗

报告执笔： 张芸芸　龙巧云　安　杰　杨晓军　杨鑫超　张宗伟
于慧泽　张文凤　刘慧娟　杨姗姗　邓　甜　刘佩佩

报告统稿： 张芸芸　龙巧云　杨晓军　安　杰　杨鑫超

报告编辑： 杨晓军　安　杰　张宗伟　杨鑫超　于慧泽　张文凤　刘慧娟　杨姗姗

报告审校： 岳宗全　丁水汀　王俊峰

四、报告撰稿

张芸芸： 主要执笔第1章第1.1～1.2节，第3章第3.2节

龙巧云： 主要执笔第5章第5.1节，第7章第7.1节

安　杰： 主要执笔第1章第1.3～1.4节，第3章第3.1节

杨晓军： 主要执笔第2章第2.1节，第8章第8.1节

张宗伟： 主要执笔第2章第2.2～2.3节

邓　甜： 主要执笔第2章第2.4节，第8章第8.2节

刘佩佩： 主要执笔第6章第6.4.1～6.4.3节，第8章第8.3节

杨鑫超： 主要执笔第6章第6.3节，第7章第7.2节

刘慧娟： 主要执笔第4章第4.1节，第6章第6.4.4节、第6.4.6～6.4.7节

于慧泽： 主要执笔第4章第4.2节，第6章第6.4.5节、第6.4.8～6.4.9节

杨姗姗： 主要执笔第5章第5.2节，第6章第6.2节

张文凤： 主要执笔第6章第6.1节，第7章第7.3节

目　录

第1章　研究概况

本章将介绍可持续航空燃料的概念及起源，梳理可持续航空燃料产业及技术发展现状，并对本课题的研究目的、研究方法和研究内容进行归纳总结，对本课题中的术语及主要申请人名称进行统一约定，为后续可持续航空燃料领域专利分析提供依据。

1.1　基本概念

可持续航空燃料是一种绿色航油，通过更可持续的方式由可替代、可再生能源合成而来。可持续航空燃料的原材料包括植物油、藻类、油脂、动物脂肪、废水、酒精、糖衍生物和二氧化碳，但最终将转化成相同的烃类混合物。与常规航油相比，可持续航空燃料能将全生命周期二氧化碳净排放降低75%以上。

可持续航空燃料：可持续航空燃料（sustainable aviation fuel，SAF）是以废弃的动植物油脂、油料、使用过的食用油、城市生活垃圾和农林废弃物为原料，以可持续方式生产的替代燃料。

原料：制备可持续航空燃料所采用的原料。

可持续生物原料：原料来源于原始的生物质。生物质是通过太阳的光合作用而形成的各种有机体的总称，包括所有的植物、微生物，以及以植物、微生物为食物的动物及其生产的废弃物。

油脂类原料：指直接利用其中的油脂来制备得到可持续航空燃料的原料。

废弃油脂：指餐饮业、食品加工业在生产经营活动中产生的不能再食用的动植物油脂，包括油脂使用后产生的不可再食用的油脂（炸制老油、火锅油）、含油脂废水经油水分离或隔油池分离后产生的不可再食用的油脂（泔水油）等。

油料作物：指以提取油脂为主要用途并通过提取的油脂来制备得到可持续航空燃料的一类作物。作物是指直接或间接为人类需要而栽培的植物。

产油微生物：指能够合成并积累超过细胞干质量20%的油脂，并且其油脂可被用于制备得到可持续航空燃料的微生物，例如产油微藻。

木质纤维素类原料：指富含木质纤维素并主要利用其中的木质纤维素来制备得到可持续航空燃料的原料，包括直接或间接为人类需要而栽培的植物及其生产的废弃物。

木质纤维素类作物：指富含木质纤维素并主要利用其中的木质纤维素来制备得到可持续航空燃料的一类作物。

农林废弃物：指农业和林业生产及产品加工利用过程中所产生的残余的木质纤维素类废弃物，如农作物在收割或利用过程中丢弃的秸秆、谷壳、茎叶等，以及在树木采伐、园林造景、木材加工等过程中废弃的树皮、枝叶、木屑等。

生活废弃物：指人们在生活和生活服务过程中产生的生活垃圾、粪便、废纸、废包装物品、废旧家具和其他废旧物资及废弃物。该分支不包含废弃油脂。

可持续合成原料：以工业生产过程中得到的产物或副产物为原料合成生物质燃油，其中该工业生产过程所用原料为可再生的材料。

醇类原料：以醇类物质为原料合成生物质燃油，主要包括乙醇、异丁醇、甲醇等。

糖类原料：以经过生产加工得到的糖类物质为原料合成生物质燃油。

制造工艺：制备可持续航空燃料所采用的制造工艺。

油制喷气燃料技术：以各种不同类型的油脂比如废弃油脂、植物油、动物脂肪、藻油等为原料制备可持续航空燃料。

酯类或脂肪酸加氢技术：通过对植物油、废弃油脂和动物脂肪中的甘油三酯、饱和及不饱和脂肪酸进行加氢精制制备可持续航空燃料。

催化水解技术：以藻油或含油种子为原料，在水的存在下于250～380℃、5～30MPa下转化为航油。

气化－费托（Fischer－Tropsch，FT）合成技术（以下简称“气化－FT”）：是指以CO/H_2合成气为原料，在催化剂和适当反应条件下合成液体燃料的工艺过程，其中合成气由生物质原料制备。

醇制喷气燃料技术：醇制喷气燃料技术是指以醇类物质为原料，如乙醇或异丁醇，通过脱水、齐聚、氢化和分馏处理得到航空发动机燃油的技术。

基于热解和加压液化的技术：指生物原料通过热化学转化直接制备得到液态生物油的技术。

生物发酵技术：指糖、淀粉或纤维素等生物材料经过发酵转化为酒精作为可持续航油的原料，或者利用微生物将糖、纤维素等直接转化为碳氢化合物或脂类。

纤维素类生物解聚及碳链加长技术：纤维素类生物质是由葡萄糖、五碳糖或六碳糖聚合而成，可以从农作物秸秆、麻、甘蔗和树木中提取。以木质纤维素为例，它在解聚时主要得到低碳糖的脱水产物——醛。为达到航油的碳链长度，需要进行碳链加长构建，加长后的碳链进行脱氧后基本符合航油的要求。

酸催化的羟烷基化/烷基化技术：酸催化通过碳碳单键耦合作用为主，根据需要来选择合适的分子进行碳链的长度和骨架调控，一般采用2－甲基呋喃为中心，在酸催化条件下与醛或酮反应，生成富有环的长链化合物，在加氢/加氢脱氧后生成C_8以上的支链烷烃。

碱催化的羟醛缩合技术：这种途径是指糠醛、5－羟甲基糠醛、乙酰丙酸等与酮、醛进行缩合反应生成C_8以上的化合物。

其他解聚及碳链加长技术：包括水相重整反应途径以及乙酰丙酸经烯烃聚合的技术。

还原催化分离（reductive catalytic fractionation，RCF）技术：指木质纤维素生物质在催化剂和加氢的条件下对木质素进行催化还原，生成含有酚类单体的燃油。

储运加注： 航空燃料的储存、运输和加注过程中所采用的设备和处理工艺。
运输管道： 航空燃料用运输管道的结构改进和处理工艺。
储存容器： 航空燃料用储存罐的结构改进和处理工艺。
加油设备： 航空燃料用移动加油设备的结构改进和处理工艺。

1.2 研究目的

我国明确提出“2030年前实现碳达峰、2060年前实现碳中和”这个重大战略目标。“双碳”目标的提出将把我国的绿色发展之路提升到新的高度，成为我国未来数十年内经济社会发展的主基调之一。国家“十四五”规划纲要进一步明确要制定2030年前碳达峰的行动计划。2021年10月，国务院印发《2030年前碳达峰行动方案》，提出大力推进可持续航空燃料替代传统燃油，发展新能源航空器，加强绿色低碳技术和产品知识产权保护。随着航空业的发展，全球民航碳排放增长迅猛，2019年航空业碳排放总量已占到全球交通运输行业碳排放量的10%，占全球碳排放总量的2%。航空业虽非碳排放的超级大户，但却是出了名的“减排困难户”。行业内普遍认为航油的低碳化路径即发展可持续航空燃料产业是航空业未来发展战略的核心环节，可以为行业脱碳带来革命性的变革，有利于我国快速应对国际航空业低碳发展规则的新挑战，有利于提高国际竞争力、抢占主导地位，对于落实碳达峰和碳中和具有重要战略意义。

与新能源相比，可持续航空燃料仍属于航油，适用于绝大部分现役飞机和引擎，是绿色航空能源可行的替代方案。根据生产方式不同，可持续航空燃料分为可持续航空生物燃料和可持续航空合成燃料。相对而言，可持续航空生物燃料已经完成了几代技术的迭代，实现了原料多元化与制备加工方法成熟化的进步，已具备产业化的基础，国内外已开展了大量试飞和应用推广工作，包括波音和空客在内的飞机制造商已经和能源生产商以及发动机制造商合作开始试验100%加注的可能性。总体来看，美国、欧盟、荷兰、英国、挪威等国家或地区均力图在全球相关产业、技术、贸易等方面成为新规则的制定者和指导者，进而实现本国或本地区利益的最大化。例如欧盟实施的“清洁天空计划”将国际航空纳入欧盟排放交易体系，把全球2000余家航空公司纳入名单，形成了一道不能忽视的“碳壁垒”。因此，我国在可持续航空燃料发展上一旦落后于西方各国，将极大地影响我国的航空自主可控及航空领域能源战略安全，继而影响我国在航空领域实现“双碳”的战略目标。因此，提前布局航空生物燃料产业化发展对于抢占技术高地、提高国际竞争力具有重要意义。

1.3 研究方法和内容

1.3.1 研究方法

（1）从专利视角分析可持续航空燃料产业的特点和存在的问题，为产业优化升级和关键技术突破提供有效支撑，明确可持续航空燃料在我国航空动力燃料中的战略定位，从专利技术发展角度绘制出适合我国发展的一个清晰完整、可操作的可持续航空燃料产业发展路线图。

（2）通过研究国际可持续航空燃料安全认证和可持续认证标准中相关的专利情况，明晰国内外在该相关标准中专利布局情况以及技术发展路线，为我国可持续航空燃料的发展提供专利预警，为国内主要航空产业创新主体融入国际标准制定中提供支撑。

1.3.2 基于标准映射的专利分析方法

可持续航空燃料作为一种新的燃料用于飞机和发动机上，为保证其安全，必须满足飞机和发动机使用限制和性能要求，同时与飞机、发动机材料有良好的相容性。美国联邦航空管理局（Federal Aviation Administration，FAA）和欧洲航空安全局（European Aviation Safety Agency，EASA）并不直接对新燃料进行审批，而是主要借助行业协会如美国材料与试验协会（American Society for Testing and Materials，ASTM）等行业协会的平台，采用技术标准的管理方式进行管理；适航当局通过对飞机或发动机的型号进行审定，将批准的生物航空燃料技术标准列入飞机或发动机的型号数据清单中，在使用时则按照飞机和发动机型号数据清单来选用合适的燃料。

试飞前航空燃料适航审定由中国民用航空局航空器适航审定司主持进行，其运输、存储及加注依据中国民用航空规章（China Civil Aviation Regulations，CCAR）第55部《民用航空油料适航规定》中相关条例执行，具体标准主要根据中国民用航空行业标准《民用航空器加油规范》（MH/T 6005—2009）、《民用航空燃料质量控制和操作程序》（MH/T 6020—2012）等。在试飞阶段，可持续航空替代燃料采用传统航空燃料标准进行运输、存储及加注等环节工作。若可持续航空替代燃料进入大规模商业应用阶段，可持续航空替代燃料相关适航法规和标准将得到完善并相应制定工作程序，则需在上述规章或标准的基础上增加可持续航空替代燃料相应条款，而非针对可持续航空替代燃料单独重新制定标准。

国际上广泛认可的技术性能验证方式是采用ASTM的《含合成烃类的航空涡轮燃料的规格标准》（ASTM D7566）规范，该规范对含合成烃的航空涡轮燃料及用于混合的航空替代燃料的理化技术指标进行审查。截至2021年，ASTM已经批准了七种用于生产航空替代燃料的生产工艺（参见表1-3-1）。国内可持续航空替代燃料相关适航法规和标准需要完善，通过制定工作程序，在现有规章或标准的基础上增加可持续航空替代燃料相应标准条款。

表1-3-1 ASTM D7566标准工艺

D7556标准代码	技术	批准年份	主要参与企业
A1	费托合成油改质工艺生产的煤油组分（FT-SPK）	2009	埃克森美孚、壳牌公司
A2	酯类和脂肪酸类加氢改质工艺生产的煤油组分（HEFA-SPK）	2011	UOP、耐思特

续表

D7556标准代码	技术	批准年份	主要参与企业
A3	加氢发酵糖合成异构烷烃煤油组分（SIP）	2014	阿米瑞斯
A4	含合成芳烃的费托合成链烷烃煤油组分（SPK/A）	2015	埃克森美孚
A5	醇制喷气燃料工艺生产的煤油组分（ATJ – SPK）	2016	佳沃、朗泽科技
A6	催化加氢热解工艺生产的煤油组分（CHJ – SPK）	2020	ARA公司、CLG公司
A7	源于藻类的烃/酯/脂肪酸加氢工艺生产的煤油组分（HHC – SPK，HC – HEFA）	2020	日本石川岛（IHI）株式会社

通过梳理出产业和标准的相关问题，找准产业、标准、技术的关联性，构建标准专利库和潜在标准专利库作为本课题的特色分析方法，由产业、技术、标准及专利的逐级关联，全面解析该产业在国内外的技术路线情况，为我国在该产业及技术上的发展提供参考。

1.3.3 研究内容

通过开展可持续航空燃料技术专利分析，梳理国内外产业发展现状，确定其中的关键技术，对关键技术进行专利分析，并对国内外主要申请人开展专项分析；通过对龙头企业、核心研发机构专利布局、核心专利、技术路线的全面系统分析，对我国产业发展进行专利风险预警，引导我国产业创新方向，提高创新效率和水平，规避发展过程中的知识产权风险。同时，跟踪国际航空燃料认证国际标准中可持续航空燃料领域相关专利，助力我国创新主体融入国际标准制定中，向国际航空业输出中国标准，提升国际话语权，支撑国内航空公司发展，助力我国航空业提升。本课题主要研究方向：

（1）可持续航空燃料专利技术态势分析

1）厘清国内外可持续航空燃料产业和专利技术发展现状，明晰该技术领域的宏观发展态势、技术优势企业以及我国在该领域存在的技术短板。

2）结合国际安全认证标准分析相应的专利技术，通过创新工艺和系统集成，提出以制备降低成本为性能指标的生物质定向转化可持续航空燃料重点专利技术路线图。

（2）航空燃料认证国际标准中可持续航空燃料领域相关专利分析

开展可持续航空燃料安全认证和可持续认证标准相关的专利梳理，系统分析其中涉及生物燃料的理论方法和技术路径，明确涉及该标准中的重要专利，在相关产业技术发展和提供参考、标准制定中，帮助我国航空产业深度融入国际标准制定中。

（3）可持续航空燃料专利技术风险

围绕全球重点申请人在可持续航空燃料领域的专利保护与运用情况、重点产品等方面开展研究，聚焦核心专利，分析当前我国可持续航空燃料领域面临的专利技术风险情况。

1.3.4 技术分解

课题组针对可持续航空燃料涉及的技术领域开展了全面的行业调研，通过文献调研、专家咨询、在研项目跟踪和重要研制单位及机构实地调研等多种途径，收集了可持续航空燃料行业发展和技术发展的详细材料，阅读和翻译大量国内外文献，同时兼顾专利数据检索和标引，制定了可持续航空生物燃料技术分解表（参见表1－3－2）。

表1－3－2　可持续航空生物燃料技术分解

一级分支	二级分支	三级分支	四级分支
原料	可持续生物原料	油脂类原料	废弃油脂
			油料作物
			产油微生物
		木质纤维素类原料	木质纤维素类作物
			农林废弃物
		生活废弃物	—
	可持续合成原料	醇类原料	—
		糖类原料	—
		CO_2	—
制造工艺	油制喷气燃料技术	酯类或脂肪酸加氢技术	—
		催化水解技术	—
	气化－FT	—	—
	醇制喷气燃料技术	—	—
	基于热解和加压液化的技术	基于热解的技术	—
		基于加压液化的技术	—
	生物发酵技术	—	—
	纤维素类生物解聚及碳链加长技术	酸催化的羟烷基化/烷基化技术	—
		碱催化的羟醛缩合技术	—
		其他	—
	RCF 技术	—	—
储运加注	运输管道	—	—
	储存容器	—	—
	加油设备	—	—

1.3.5　数据检索和处理

课题组检索的专利文献范围为申请日在2021年12月31日以前的专利申请，以

incoPat 商业数据库为主，以中国专利文摘数据库（CNABS）、中国全文文本代码化数据库（CNTXT）、由世界专利文摘数据库和德温特世界专利索引数据库组成的虚拟数据库（VEN）为补充开展全面检索。

采取的检索策略为根据表 1－3－2 所示的技术分支采用的“分—总”检索策略，整个检索过程由初步检索、精准检索和补充检索三个阶段组成。初步检索阶段：课题组开展大量的文献调研和专家咨询，初步选择标准术语、关键词和分类号等对该技术主题进行检索，对文献中标准术语、关键词和分类号进行统计分析，提炼关键词和分类号，在上述工作基础上制定精准检索策略。精准检索阶段：选定精确标准术语、关键词、分类号，合理采用检索策略，充分利用截词符和算符，对该技术在外文和中文数据库进行全面而准确的检索。补充检索阶段：统计本领域主要申请人，以申请人为入口进行补充检索。

1.3.6 查全查准评估

为了对检索的结果进行评估和验证，课题组采用了查全率和查准率两项指标对本报告的检索结果进行验证。

（1）查准率验证方式

查准率 =（检出的符合特征的文献数量/检出的全部文献数量）×100%

通过检索得到初步检索文献集合 A，数量记为 N。由于检索数据量 N 很大，无法进行逐一核对，因此通过随机方式进行抽样，设抽样集合为 A'，数量为 n，人工阅读样本集合，符合特征的检索结果数量为 b，查准率 $p=(b/n)\times 100\%$。

（2）查全率验证方式

通过验证部分结果的查全率来估计初步检索文献集合 A 的查全率。① 确定主要申请人。对初步检索结果进行分析能够得到大致的申请人排名，选取排名靠前的非自然人申请人为主要申请人。② 确定母样本检索式。利用选取的主要申请人构建母样本检索式，若主要申请人的专利申请只分布在该特定技术领域，则直接用申请人确定母样本数据集，否则还需要结合上位分类号或关键词来确定母样本数据集。母样本的检索式检索策略需与现有检索式不同，否则查全率不准确。对于一些申请量大且涉及领域广的企业，通过限定一定申请年份获得数量合适的母样本。③ 人工筛选确定母样本。利用母样本检索式进行检索得到检索结果，通过人工浏览，确定与主题相关的、全面的、准确的母样本（数量为 t）并提取出相应的专利公开号或申请号。④ 确定子样本。用待验证检索式与所提取的 PN 号进行“逻辑与”运算确定子样本，即待验证检索式的检索结果中落在母样本范畴内的专利文献，得到子样本（数量为 b），漏检的专利数量则为 $c=t-b$。⑤ 计算查全率。查全率 $r=(b/t)\times 100\%$。

1.4 相关事项和约定

本节对相关数据的解释和说明、主要申请人名称方面进行约定。

1.4.1 术语约定

同族专利：同一项发明在多个国家或地区申请专利而产生的一组内容相同或基本相同的专利文献出版物，称为一个专利族或同族专利。从技术角度看，属于同一专利族的多件专利申请可视为同一项技术。在本报告中，针对技术和专利技术原创地进行分析时，对同族专利进行了合并统计；针对专利在各国家或地区的公开情况进行分析时，对各件专利进行了单独统计。

技术目标地：以专利申请的公开国家或地区来确定。

技术来源地：以专利申请的首次申请优先权国家或地区来确定，没有优先权的专利申请以该申请的最早申请国家或地区来确定。

项：同一项发明可能在多个国家或地区提出专利申请。incoPat 同族数据库将这些相关的多件专利申请作为一条记录收录。在进行专利申请数量统计时，对于数据库中以一族数据的形式出现的一系列专利文献，计算为“1 项”。

件：在进行专利申请数量统计时，例如为了分析申请人在不同国家或地区所提出的专利申请的分布情况，将同族专利申请分开进行统计，所得到的结果对应于申请的件数。1 项专利申请可能对应于 1 件或多件专利申请。

日期约定：依照最早优先权日确定每年的专利数量，无优先权日的以最早申请日为准。

图表数据约定：由于 2021 年和 2022 年专利公开数据不完整，不能完全代表整体的专利申请趋势，因此，在与年份有关的趋势图中对 2021 年和 2022 年的数据分析仅供参考。

国内申请：中国申请人在中国国家知识产权局的专利申请。

在华申请：申请人在中国国家知识产权局的专利申请。

1.4.2 主要申请人名称约定

在各个专利数据库中，由于申请人名称翻译不同、不同数据库标引格式不同、企业名称变更、企业兼并重组、子母公司等因素，因此同一申请人存在多种不同的表述方式。为了正确统计各申请人实际拥有的专利申请或专利权数量，提高数据的准确度，以下对主要申请人的称谓进行统一，以提高本报告的表述规范性和数据准确性。商业航天主要申请人的名称约定参见表 1－4－1。

表 1－4－1 主要申请人名称约定

约定名称	申请人名称
陶氏杜邦	DOW CHEMICAL CO
	DU PONT
	E I DU PONT DE NEMOURS AND COMPANY
	THE DOW CHEMICAL COMPANY

续表

约定名称	申请人名称
默克公司	MERCK CO INC
	MERCK PATENT GMBH
壳牌公司	SHELL INTERNATIONALE RESEARCH MAATSCHAPPIJ N. V.
	SHELL OIL COMPANY
	SHELL OIL CO
	SHELL INTERNATIONAL RESEARCH MAA NL
埃克森美孚	STANDARD OIL CO
	STANDARD OIL DEV CO
	THE STANDARD OIL COMPANY
	EXXON RESEARCH ENGINEERING CO
	MOBIL OIL CORP
	ESSO RESEARCH AND ENGINEERING COMPANY
	STANDARD ALCOHOL COMPANY OF AMERICA INC
	STANDARD OIL DEVELOPMENT COMPANY
	STANDARD OIL CO INDIANA
	埃克森美孚化学专利公司
	埃克森美孚研究工程公司
UOP	UNIVERSAL OIL PRODUCTS COMPANY
	UNIVERSAL OIL PROD CO
	UOP INC
	UOP LLC
	霍尼韦尔 UOP
中国石化	中国石油化工股份有限公司
	中国石油化工股份有限公司抚顺石油化工研究院
	中国石油化工股份有限公司石油化工科学研究院
	中石化炼化工程（集团）股份有限公司
中科院所	中国科学院化学研究所
	中国科学院上海有机化学研究所
	中国科学院大连化学物理研究所
	中国科学院广州能源研究所
	中国科学院过程工程研究所
	中国科学院青岛生物能源与过程研究所

续表

约定名称	申请人名称
乙基	ETHYL CORP
	ETHYL CORPORATION
雪佛龙	TEXACO DEVELOPMENT CORPORATION
	TEXACO INC
	TEXACO DEVELOPMENT CORP
	CHEVRON RESEARCH TECHNOLOGY CO
	CHEVRON USA INC
	CHEVRON RES
拜耳	BAYER AG
	FARBENFABRIKEN BAYER AKTIENGESELLSCHAFT
	FARBENFABRIKEN BAYER AG
	BAYER AKTIENGESELLSCHAFT
	BAYER MATERIALSCIENCE AG
巴斯夫	BASF AKTIENGESELLSCHAFT
	BADISCHE ANILIN SODA FABRIK AKTIENGESELLSCHAFT
	BASF AG
埃尼	ENI S. P. A.
耐思特	NESTE OIL OYJ
加州大学	UNIVERSITYOF CALIFORNIA
	加利福尼亚大学
阿米瑞斯	阿米瑞斯（AMYRIS）公司
佳沃	GEVO INC
朗泽科技	深圳市朗泽科技有限公司
ARA 公司	APPLIED RESEARCH ASSOCIATES
CLG 公司	CHEVRON LUMMUS GLOBAL
罗罗	罗尔斯·罗伊斯公司
	ROLLS – ROYCE PLC
	RR
酷星球能源公司	COOL PLANET ENERGY SYSTEMS INC

第2章　产业概述

2.1　产业概述

可持续航空燃料是指符合航空适航标准和航空燃料可持续性评价标准的航空燃料，也是一种能将生物制造的绿色航油与传统燃油按一定比例混合的新型航空燃料。当前，美国、欧盟、荷兰、英国、挪威均已经建立政策机制来支持可持续航空生物燃料的使用。国外可持续航空生物燃料已经完成了几代技术的迭代，实现了原料多元化与制备加工方法成熟化的进步，开展了大量试飞和应用推广工作。目前包括波音和空客在内的飞机制造商已经和能源生产商以及发动机制造商合作开始试验100%加注可持续航空生物燃料的可能性。波音和空客还宣布2030年后新生产的飞机全部可以100%使用可持续航空燃料。总体来看，西方国家在该领域的发展已经抢占先机，并且通过制定相关国际规则以实现本国利益的最大化，逐渐形成了一道不能忽视的“碳壁垒”。

2.2　产业发展现状及趋势

2.2.1　产业链情况概述

可持续航空燃料属于煤油型燃料，由可替代、可再生能源合成而来，其原材料包括植物油、藻类、油脂、动物脂肪、废水等。目前美国和欧洲等国家或地区已经形成航空生物燃料规模化市场，初步建立了“原料—制备方法—运输、储存和加注＋认证”的完整产业链（参见图2－2－1）。各大能源公司、航空公司、飞机制造商也积极参与生物航空燃料的研发、生产或试用。

2.2.1.1　上游原材料

上游原材料主要包括两大类：可持续生物原料和可持续合成原料，主要的几种原材料各有特点。可持续生物原料包括：油脂类原料、木质纤维素类原料和生活废弃物。目前油脂类原料主要为废弃油脂，其原料产量、供应量不足、可持续供应性差；木质纤维素类原料产量不稳、品质不佳、对环境不利。人们同时也在积极研究富含碳水化合物和油脂的植物油料作物和产油微生物等，其大多数尚处于野生或半野生状态。人类正在研究应用遗传改良、人工栽培或先进的生物技术等手段，通过生物质能转换技术提高利用生物能源的效率。

2.2.1.2　中游制备方法

中游制备方法主要包括七种获得ASTM认证的标准相关工艺（参见表1－3－1）。

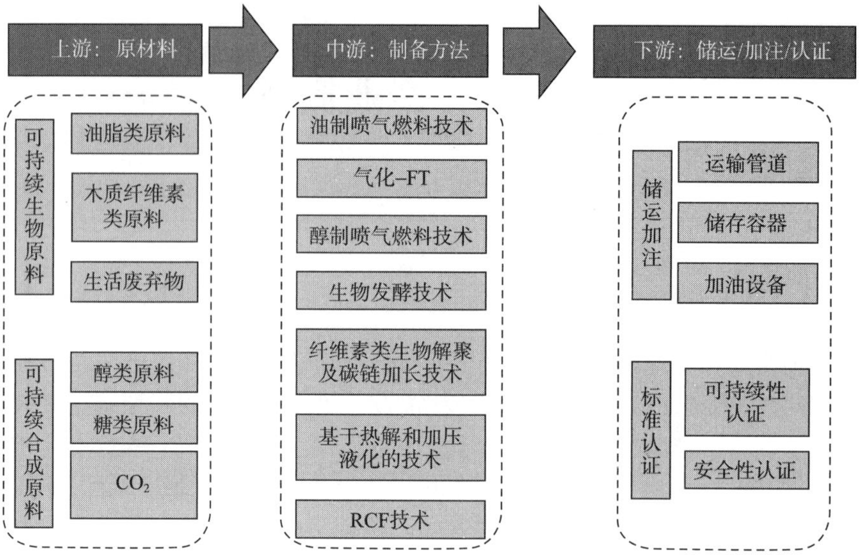

图2-2-1 可持续航空燃料产业链情况

作为当下商业上最为可行的制备可持续航空燃料途径，有费托合成油改质工艺生产的煤油组分（ASTM D7566 标准代码 A1 煤油组分）、酯和脂肪酸类加氢改质工艺生产的煤油组分（ASTM D7566 标准代码 A2）、加氢发酵糖合成异构烷烃生产的煤油组分（ASTM D7566 标准代码 A3）、含合成芳烃的费托合成链烷烃生产的煤油组分（ASTM D7566 标准代码 A4）、醇制喷气燃料工艺生产的煤油组分（ASTM D7566 标准代码 A5）、催化加氢热解工艺生产的煤油组分（ASTM D7566 标准代码 A6）、源于藻类的烃/酯/脂肪酸加氢工艺生产的煤油组分（ASTM D7566 标准代码 A7）；同时随着科技的不断进步，也不断地涌现出新的工艺技术，其中主要包括基于热解和加压液化的技术和解聚及碳链加长技术等，其生产工艺处于不断的改进发展中。

2.2.1.3 下游运输、储存、加注和认证

可持续航空燃料的下游狭义上主要包括两部分，一方面是可持续航空燃料的运输、储存、加注，另一方面是相关标准的认证。按《民用航空燃料质量控制和操作程序》（MH/T 6020—2012）中第七节“运输、储存和加注设备”规定，可持续航空燃料存储应采用“专管专线”形式，尚未与传统航空燃料形式混用。在可持续航空燃料的商业应用是否需要航油保障单位对输油管线、储罐、加油车、运油车及其他特种车辆进行建设、购置或清洗后利用，抑或是修订相关标准，在掺混后实现与化石航空燃料的视同使用上，目前根据相关政策我国需要专管专用设备等，而国外的情况并没有特别要求。若进行建设、购置等固定资产投资，则将导致可持续航空燃料储存、加注成本短期内大幅上升；若采用清洗等管理保障手段，则可持续航空燃料储存、加注成本将与传统航空燃料相差不大。

可持续航空燃料的相关标准认证方面，为使可持续航空燃料能够符合操作和安全

标准、满足适航审定要求，ASTM D4054 中明确了新燃料的认证流程及引用的相关标准。燃料在认证初始阶段，首先需要进行规范属性的审查，然后是用途属性适合性审查，最后分别进行特性试验、部件试验、台架试验及发动机试验等。新燃料或添加剂的批准是由原始设备制造商（Original Equipment Manufacturer，OEM）决定。霍尼韦尔于2011 年完成了酯和脂肪酸加氢改质工艺燃料的测试，该燃料于同年 7 月被添加到 ASTM 国际燃料规范中；2015 年，普惠开展了一系列支持 ASTM 认证的测试工作，测试对象涵盖醇喷合成法、催化水热分解法和糖类直接合成法等多种制备工艺；同年罗罗进行了发动机台架试验以进一步了解燃油系统密封件在不同可持续航空燃料下的性能。从 2016 年开始，GE 也陆续对多种可持续航空燃料的燃烧特性进行试验，相关结果支持醇喷合成燃料以更高的比例与航空煤油混合。随着空客、德国航空航天中心、罗罗以及耐思特联手启动了具有开创性的“替代燃料排放和气候影响”项目，将可持续航空燃料混合比例上限提升到 100% 后对发动机、燃油系统和飞机机体的影响成为未来测试的重点。

2.2.2 国外产业发展情况

针对航空运输业的减碳目标，全球很多民航相关组织与机构都制定了相应的规划与实现路径指导，其中最具代表性和影响力的就是国际民航组织在 2016 年 10 月第 39 届大会通过的国际航空碳抵消和减排计划（Carbon Offsetting and Reduction Scheme for International Aviation，CORSIA）。这是第一个全球性行业减排市场机制，航空业也由此成为世界上第一个由各国政府协定实施全球碳中和措施的行业。国际航空碳抵消和减排计划旨在推动航空公司采用合格排放单元抵消航空运输企业 2020 年后的国际航班碳排放增量。在国际航空碳抵消和减排计划下，全球航空业需要在 2050 年逐步达到以下目标：① 2035 年的二氧化碳排放量不超过 2020 年的排放水平，即碳达峰；② 2050 年的二氧化碳排放量应达到 2005 年排放水平的 50% 及以下，最终实现碳中和增长，将全球航空碳净排放量稳定在 2019 年的水平（约 5. 8 亿吨）。2016 年欧盟出台的第二期可再生能源法案要求各成员国在 2030 年的可持续航空燃料使用占比达到 6. 8%；欧洲航空业“目标 2050”可持续发展战略则预期到 2050 年将其份额进一步提升到 83%。同时，在欧盟排放交易体系下，若设置的碳排放配额价格高于可持续航空燃料的成本，则必将对航空公司选用可持续航空燃料起到积极的作用。早在 2006 年，由美国联邦航空管理局牵头，代表美国航空公司、机场共同发起的民航替代燃料倡议就开始对可持续航空燃料的应用可行性进行评估。美国政府正计划到 2050 年让航空公司使用 100% 可持续航空燃料，以此作为白宫应对气候变化的更广泛努力的一部分。

英国是在民航领域最早成功完成生物航空燃料飞行试验的国家。早在 2008 年，英国维珍大西洋航空公司的一架波音 747 客机采用与传统燃料混合的生物燃料，成功从伦敦飞往阿姆斯特丹。此后美国、巴西等国家也相继完成了首次生物航空燃料的商业试飞。2011 年，全球燃油标准机构批准了生物航空燃料在民用航空领域的应用。随即德国汉莎公司开通了使用生物航空燃料的定期航班，并持续了半年之久。2015 年，通过每年向其用户提供250万升含50%生物航空燃料的混合燃料，挪威奥斯陆机场成为全球首个定期供应生物航空燃料的枢纽机场。目前，国外生物航空燃料的发展重点已从原材料生产、加工工艺研究转向了商业应用，开展了大量的试飞和应用推广工作。截至2020年底，使用生物航空燃料的商业飞行已超过10万次。美国、瑞典、挪威的5个机场已实现生物航空燃料的常规加注，8个机场进行了生物航空燃料的批次加注。

达美航空和捷蓝航空与新的可持续航空燃料生产商签署了大型承购协议，这两家航空公司的目标是在2030年前每年至少将10%的喷气燃料转换为低碳替代燃料。达美航空与位于加州的先进可再生燃料和生物化学公司签署了一项协议，从2024年开始，在10年内交付9.5亿升的混合可持续航空燃料；捷蓝航空要求生物能源开发商SG普雷斯顿从2023年开始在10年内交付25.4亿升的混合可持续航空燃料。这些燃料将被运送到纽约的肯尼迪机场、拉瓜迪亚机场和纽瓦克机场。生物化学公司正在加州河岸建造一个年产3.4亿升的可再生燃料工厂，计划于2024年投入生产。同时，美国联合航空公司和霍尼韦尔对初创的清洁技术公司进行了数百万美元的联合投资，该公司正在研发技术，使用生物质（如木材和农作物废料）原料来大规模生产可持续航空燃料。

2.2.3 国内产业发展目标

《“十四五”民航绿色发展专项规划》提出推动可持续航空燃料商业应用取得突破，力争2025年当年可持续航空燃料消费量达到2万吨以上，“十四五”期间可持续航空燃料消费量累计达到5万吨。

按照既有发展趋势与现阶段技术水平，未来飞行活动油耗需求将持续攀升，其中2035年前后油耗需求将达到9000万吨左右。① 若可持续航空燃料可实现100%加注使用（无须与传统化石航空燃料掺混），则其理论年需求量将达到9000万吨；② 按目前10%掺混比例行业推广应用，其年需求量将达到900万吨；③ 若以某目标值（行业油耗中可持续航空燃料占比5%）进行测算，其年需求量也将达到500万吨左右。

2.2.4 国内产业发展现状

为实现全产业链负碳航空燃料，我国也在尝试建立“原料—炼制—运输—加注—使用”的完整产业链，积极推动构建我国可持续航空燃料产业链，有序、有力、有效地保障我国民用航空深度脱碳。

2.2.4.1 原料部分

原料主要有油脂类、木质纤维素类、糖和淀粉类、二氧化碳等。从原料供应潜力来看，我国主要有餐饮废油和木质纤维素两种。

（1）油脂类

油脂类主要包括餐饮废油、棕榈油、麻风树油、芥蓝籽油、大豆油、微藻油等。其中大豆油为第一代生物燃料，与人争粮、限制使用；微藻油为第三代生物燃料，产油率低，技术还不成熟。

近些年，我国食用油年消费量超过 4100 万吨，位居世界第一，理论上产生的废弃油脂在 1100 万吨以上，但实际上进入回收循环产业链的废弃油脂每年不足 300 万吨。中国石化镇海炼化公司（以下简称“镇海炼化”）原料主要为四川餐饮废油收集处理企业提供，但原料成本约 1 万元/吨，也使最终生物航空燃料的成本更高，约为化石航空燃料的 3 倍。从节能减排和成本的角度分析，在江浙一带进行餐饮废油就地收集处理、就地转化更为合理一些，也更可能做到原料的可持续供应。

（2）木质纤维素类

我国每年农林废弃生物质资源量约折合 7 亿吨标准煤，其中秸秆年产量约 6 亿吨，林业生产和木材加工废弃物约 3 亿吨。

仅从原料供应潜力分析，以废弃餐厨用油作为可持续航空燃料原料其持续供给能力存有较大风险，而以农林废弃物作为原料供给尚有较大挖潜空间。农林废弃物产量不稳，品质不佳，对环境不利。能源植物产量稳，品质佳，可做到负碳排放，是比较有前途的原料。木质纤维素类能量密度低，收集和运输成本较高，建议就近转化和使用。

（3）二氧化碳

全球航空每年产生 12 亿吨二氧化碳排放量，是最难减排的行业之一。各种含碳原料［如天然气、沼气、生物质、城市固体废物、来自工业过程和直接空气捕获（DAC）技术的二氧化碳和生物衍生油］可生产/合成可再生燃料，使用可再生电能将水泥、钢铁和石化工厂释放的二氧化碳转化为液体燃料，但碳捕捉能耗较高，绿电技术不成熟。国内中科院所也展开了相关研究，利用可再生电力电解水产生氢气，并将从空气、生物源、工业源中捕获的二氧化碳与氢气转化为一氧化碳和水。额外的氢气和一氧化碳进一步转化为电子可持续航空燃料（eSAF）等燃料。

2.2.4.2　炼制工艺及燃料供应

作为国际民航业普遍认可的航空燃料标准制定者，ASTM 制定的 ASTM D7566 标准自 2009 年颁布以来，历经数次修订，对包括航空生物燃料在内的替代燃料质量标准和使用安全性作了严格的规范要求，极大地促进了可持续航空燃料产业发展，也较快地反映了工艺技术的更新和进步。目前，该标准最新修订版为 2021 年推出的 ASTM D7566－21，列入其附录的技术路线已经扩展到七种；技术路线的不断增加反映出随着可持续航空燃料市场前景看好，国外研发进度明显加快，新技术、新工艺不断涌现，国内各创新主体也按照相应的标准路径开展相关研究和生产。

（1）国内可持续航空燃料产能现状

2010～2021 年，中国航空替代燃料经历了从无到有的过程。中国民用航空局于 2012 年 2 月受理了中国石化 1 号可持续航空燃料适航审定申请，并于 2013 年完成中国石化 1 号可持续航空燃料适航审定。2014 年 2 月 12 日，中国民用航空局航空器适航审定司向中国石化颁发了技术标准规定项目批准书，为国产可持续航空燃料的商业应用铺平了道路。

截至 2022 年初，中国可持续航空替代燃料已具备一定生产规模的是镇海炼化 10 万吨/年的可持续航空燃料加氢装置。

此外，北京三聚环保新材料股份有限公司（以下简称“三聚环保”）具备氢化植物油（HVO）生产生物航空燃料技术储备，已经掌握了氢化植物油异构化生产低凝点生物柴油和生物航空燃料的工艺技术及催化剂，具备了催化剂制备生产能力；目前已经完成了中试测试，后续可实现航空燃料的规模化生产。

易高生物化工科技（张家港）有限公司（以下简称“易高生物化工”）已基本具备将生物柴油进一步转换，制成可持续航空燃料的能力。

东华能源股份有限公司（以下简称“东华能源”）于2022年初与霍尼韦尔UOP签署战略合作协议，计划在中国广东省茂名市建立绿色能源资源综合利用产业园。

中国石油通过可持续航空燃料的科技专项的实施，基本掌握以餐厨废弃油、小桐子油、棕榈酸化油等原料制备航空生物燃料的具有自主知识产权的生产成套技术，并在积极推进中国石油四川石化南充炼油厂6万吨/年的航空生物燃料装置建设，为实现规模化商业应用打下了良好的基础。

中科院所等科研院所围绕生物质油、木质纤维素、海藻油等不同来源原料开展可持续航空替代燃料技术研发，形成了一定的技术储备。

国内可持续航空燃料供应方如表2-2-1所示。

表2-2-1　国内可持续航空燃料供应方（含潜在供应方）

单位	技术路线	原料	既有产能/（万吨/年）	潜在产能/（万吨/年）*	大规模商用意愿
镇海炼化	HEFA	生物质能（废弃餐厨用油）	10	—	较强
中国石油四川石化南充炼油厂	HEFA	生物质能（小桐子油）	—	6	—
三聚环保	HEFA	生物质能	—	65	一般
易高生物化工	HEFA	生物质能	0	25	较强
东华能源	HEFA	生物质能（废弃餐厨用油）	0	100	较强
中科院所	—	农林废弃物	—	—	一般
中科院所	—	生物质能（藻油）	—	—	—

注：* 表示三聚环保、易高生物化工目前具备可持续航空燃料制备技术，但尚未具备规模化制备能力。此处采用其生物柴油制备产能。

2.2.4.3　运输加注

按《民用航空燃料质量控制和操作程序》（MH/T 6020—2012）中第七节“运输、储存和加注设备”规定，可持续航空燃料存储应采用“专管专线”形式，尚未与传统航空燃料形式混用。中国国际航空（以下简称“国航”）试飞使用可持续航空燃料由中国石油生产作为调和组分的可持续航空燃料交付中国航空油料集团有限公司（以下简称“中航油”），然后由中航油负责调和并为国航飞机提供加注服务。中国东方航空公司（以下简称“东航”）试飞使用可持续航空燃料由中国石化生产并直接在炼厂内进行调和，直接将调和完毕后的可持续航空燃料交付中航油、东航进行加注使用。

根据我国试飞经验，中航油购置罐式加油车用以保障国航试飞任务，其将既有罐式加油车进行清洗并更换过滤分离器滤芯后用以保障东航试飞任务，因此在可持续航空燃料的商业应用是否需要航油保障单位对输油管线、储罐、加油车、运油车及其他特种车辆进行建设、购置或清洗后利用，抑或是修订相关标准，在掺混后实现与化石航空燃料的视同使用，对该环节成本影响较大。若进行建设、购置等固定资产投资，则将导致可持续航空燃料储存、加注成本短期内大幅上升；若采用清洗等管理保障手段，则可持续航空燃料储存、加注成本将与传统航空燃料相差不大。现阶段可持续航空燃料供应量较少，故其储存、加注环节成本可能高于现行平均价格，但随着可持续航空燃料产业规模发展，其储存、加注环节成本将逐渐降低，并最终与传统航空燃料成本保持基本一致。

中航油在与中国石油、国航、UOP 及波音合作首次生物航油试飞过程中，在首都机场第二油库内建造了具备收、储、混、发功能的专用生物航油储运设施，并制定了生物燃料、3 号喷气燃料和混合燃料的化验程序，飞机加油车启用程序，油库接收、混掺、发运、加注等程序的作业指导书。2019 年，中航油与中科院所合作，旨在突破纤维素类生物质制备生物航油关键技术，实现经济可行的千吨级工程化示范应用并形成生物航油储运加注全链条质量管控标准。

2.2.4.4 可持续航空燃料使用

在国内，中国石油最早涉足生物航空燃料领域，2007 年开始原材料种植计划，2008 年联合霍尼韦尔开始生产。2010 年波音与中国企业开展了一系列与开发生物航空燃料相关的活动并签署了三项合作谅解备忘录，2011 年国内首次生物航空燃料验证飞行圆满成功；此外，中国石化于 2009 年开始以餐饮废油为原料的加氢工艺研究并在 2013 年成功完成试飞，2014 年中国民用航空局向中国石化颁发国产 1 号生物航空燃料技术标准规定项目批准书，2015 年国内首次商业载客飞行取得成功，2017 年国内首次完成使用生物航空燃料跨洋载客飞行。

我国应鼓励覆盖生物航空燃料全供应链产业联盟的创建，建立“原料—炼制—运输—加注—使用”的完整产业链，鼓励由国内航油供应企业牵头，集成相关科技研发平台、生产基地及政产学研用资（绿色金融、产业基金）等生物航空燃料产业发展资源，积极推动构建我国可持续航空燃料产业链，加快推动开展相关标准制定、成套技术研发、应用示范等配套工作，有序有力有效地保障我国民用航空深度脱碳。

2.2.5 我国产业发展建议

2.2.5.1 加快技术开发研究

面对航空生物燃料的市场潜力和需求，现有产能缺口巨大，供需矛盾将在未来几年逐步显现，生产企业必须加快工业生产示范装置建设，建成商业化生产装置，实现长周期稳定运行，迅速抢占市场，规避可能出现的化石航空燃料销售、加注、使用风险。另外，还要进一步加大研发投入，加快航空生物燃料生产新技术开发和储备，开发原料适应性更强、氢耗能耗更低、使用非贵金属催化剂的加氢技术，或者能够利用木质纤维素原料、联产多种生物燃料或生物基化学品/材料单体的灵活技术路线，进一步降低生产成本，增强产品经济竞争力，提高自身盈利能力，并争取尽快使新技术进入 ASTM 新的航空涡轮燃料和燃料添加剂的合格认证与审批流程，早日通过质量与安全认证，获得国际通行的合法使用“牌照”。

2.2.5.2 推动产能提升

民航业的温室气体减排工作，包括应对国际航空碳抵消和减排计划框架的实施，已经不仅仅是航空公司或者民航业一个行业的分内之事，而是涉及产业链上下游的系统工程，需要相关方协同配合，共同应对。借鉴欧美国家经验，应由政府主导建立合作机制，联合来自民航、能源、农林业、碳税金融、质量认证等行业的公司企业、研究机构、行业组织，组建谈判专家工作组参加国际航空碳抵消和减排计划框架后续磋商谈判并开展相关研究工作。由此，可以增强我国在磋商谈判中的话语权，切实维护行业正当发展权益。

2.2.5.3 未来市场和投资潜力

目前，国际航空运输协会、国际民航组织、美国航空管理局、飞机和发动机生产厂家、航空公司、传统和新型油品公司等都在积极推动可持续航空燃料的应用，力图在全球相关产业、技术、贸易等方面成为新规则的制定者和主导者。因此，提前布局可持续航空燃料产业化发展对于有效占据市场具有重要的意义。

未来，使用可持续航空燃料将成为必然趋势。伴随新冠疫情后航空运输业的绿色复苏，长远看商业机队规模增长势头不变，进而推动了对可持续航空燃料的需求。预计 2025 年全球可持续航空燃料市场规模超过 60 亿元，年均增速将超过 70%，行业发展潜力巨大。

2.3 相关标准现状

2.3.1 可持续性标准

为保障国际航空碳抵消和减排计划顺利实施，国际民航组织正在加紧制定一系列实施与认证标准，其中包括“航空替代燃料可持续性标准”。2017 年 9 月，国际民航组织召开的航空环境保护委员会（CAEP）指导小组会议明确提出“可持续航空燃料”这一概念要求。同年 10 月，在墨西哥召开的国际民航组织第二届航空替代燃料大会声明指出：2050 年前，各国、航空业界及相关方应尽可能利用可持续航空燃料替代传统航空涡轮燃料；替代燃料的可持续性是实现国际航空减排的关键；国际民航组织将持续跟踪各国可持续航空燃料应用情况，并将在 2025 年第三届航空替代燃料大会上提出 2050 年可持续航空替代燃料应用的定量目标。由此，在发达国家主导下，国际民航组织工作重心由制定航空替代燃料质量及安全标准快速向可持续性认证标准转换。

所谓“可持续性”，一般指在不削弱子孙后代满足其需要之能力的情况下，满足当前需要的一种发展概念，涵盖环境、经济和社会三个方面，即充分考虑产品全生命周期中所涉及的温室气体排放、碳储存、水资源节约和保护、土地资源（土壤质量和保护、土地生产能力等）、大气环境和生物多样性、废弃物管理、能量效率、能源安全、就业和收入、土地权利和利用、农村与社会发展等问题，利用一系列标准与原则、规范与管理办法来确保其在环境、经济、社会三个方面的可持续发展。表 2 –3 –1 示出了国际上采用比较广泛的几个可持续认证标准。

表 2 –3 –1　可持续认证标准

标准名称	发布机构	备注
国际航空碳抵消和减排计划	国际民航组织	碳储量、温室气体、水等 12 个主题的标准
ISCC 认证标准	国际可持续发展与碳认证（ISCC）	涵盖供应链所有要素的温室气体排放
RSB 标准	可持续生物材料圆桌会议（RSB）	有资格证明可持续航空燃料符合应用标准
EU – RED 可再生能源指令	欧盟	—
US – RFS2 可再生燃料标准	美国	—
《生物质能可持续认证要求》（RB/T 175—2018）	中国国家认证认可监督管理委员会	标志着中国在生物质可持续燃料认证标准建设领域实现了跨越式发展
《航空燃料可持续性评价规范》	中国民用航空局	2022 年 4 月 21 日公示完毕

作为保障国际航空碳抵消和减排计划顺利实施的重要措施之一，国际民航组织航空替代燃料可持续性标准对航空替代燃料的“可持续性”作出了明确定义，即需满足环境、经济、社会三个方面，涉及温室气体、碳储量、水、土壤、空气、资源保护、废弃物和化学品处理、人权和劳动权、土地使用权与土地利用、水使用权、本地社会发展及食品安全等 12 条准则的要求，方可被认定为“可持续航空燃料”。目前，国际民航组织批准了标准草案中“温室气体”和“碳储量”两条准则。其中，准则 1“温室气体”即要求“与化石喷气燃料相比，可持续替代喷气燃料全生命周期内的净温室气体排放量须至少减少 10%”；准则 2“碳储量”原则规定“可持续替代喷气燃料不应使用从碳储量较高的土地获取的生物质来生产”，突出了航空替代燃料应具备的碳减排作用。

根据国际航空碳抵消和减排计划草案，某一种航空替代燃料是否具有“可持续性”

和碳减排功能，要根据国际民航组织制定的“航空替代燃料可持续性标准”来判断和认证，各航空公司需使用这种“可持续航空燃料”才能履行减排任务，而不满足可持续性的航空替代燃料只能被视为常规化石航空燃料计算碳排放量，难以真正起到碳抵消和减排作用。同时，只有经国际民航组织认可的第三方机构才有资质开展航空替代燃料可持续性认证工作。

2.3.2 安全性认证标准

航空燃料是航空器上消耗量最大的航空产品。如果使用不合格或受污染的燃料，可能导致航空器或发动机出现安全性和性能恶化，如燃烧状态不同导致发动机整机匹配状态改变、燃油存积物导致发动机操纵部件卡滞等，严重时可能造成空中停车和各类飞行事故。一种新的燃料用于飞机和发动机上，为保证其安全，必须满足飞机和发动机使用限制和性能要求，同时与飞机、发动机材料有良好的相容性。

美国联邦航空管理局和欧洲航空安全局并不直接对新燃料进行审批，而是主要借助行业协会如 ASTM 等平台，采用技术标准的管理方式进行管理，适航当局通过对飞机或发动机的型号进行审定，将批准的生物航空燃料技术标准列入飞机或发动机的型号合格证数据单中（TCDS），在使用时则按照飞机和发动机型号合格证数据单来选用合适的燃料。

目前全球现有航空替代燃料相关技术规范主要有 ASTM 出版的 D7566、D4054；英国国防部标准 91 – 91《JET A – 1 航空煤油》（*Defense Standard Turbine Fuel*, *Aviation Kerosene Type*, JET A – 1）；以及中国民用航空技术标准规定《含合成烃的民用航空喷气燃料》（CTSO – 2C701）和中华人民共和国民用航空行业标准《含合成烃航空喷气燃料技术要求》（MH/T 6106—2014），具体参见表 2 – 3 – 2。

表 2 – 3 – 2　可持续航空燃料部分安全性标准

标准	发布机构	名称
ASTM D7566	ASTM	《含合成碳氢化合物的航空涡轮燃料标准规范》
ASTM D4054	ASTM	《新的航空涡轮燃料和燃料添加剂的合格审批标准做法》
ASTM D1655	ASTM	《航空涡轮燃料标准规范》
DEF STAN 91 – 91	英国国防部	《JET A – 1 航空煤油》
GB 6537—2018	中国国家市场监督管理总局、国家标准化管理委员会	《3 号喷气燃料》
CTSO – 2C701	中国民用航空局	《含合成烃的民用航空喷气燃料》
MH/T 6106—2014	中国民用航空局	《含合成烃航空喷气燃料技术要求》

国际上广泛认可的航空燃料相关的技术性能验证方式以 ASTM 的 ASTM D1655、ASTM D4054 和 ASTM D7566 为代表。ASTM D1655 是航空涡轮燃料标准规范，该规范

定义了 JET A 和 JET A-1 航空涡轮燃料的最低性能要求，并列出了可用于民用和军用发动机和飞机的添加剂。随着航空替代燃料的需求提高，为了保证替代燃料在商用飞机上的适用性，2009 年 9 月，ASTM 批准了 ASTM D7566 的一部分内容——ASTM D7566 是含合成碳氢化合物的航空涡轮燃料的标准规范，该规范对含合成烃的航空涡轮燃料及用于混合的航空替代燃料的理化技术指标进行审查。对于需要新批准的工艺，则依照 ASTM D4054《新的航空涡轮燃料和燃料添加剂的合格审批标准做法》进行验证和审批，最终合格的新燃料指标技术将作为新的附录加到 ASTM D7566 中。

根据检验程序要求，新型燃料需要在 40 余项关于组分、理化特性的约束中对比表明符合其约束条件，约束的对比项是基于传统航空煤油得出的航空燃料边界。用途属性适合性审查则在化学性质、物理性能特性、电气性质、兼容性等方面逐一检查，由原始设备制造商判定是否符合发动机或飞机的使用需求。如果满足条件则进行部件或台架试验，最后进行发动机试验，而试验则因为专有问题和测试方法所限，必须由指定的原始设备制造商完成。

2.4 技术发展趋势

2.4.1 原料和工艺技术层面

可持续航空燃料工艺目前均存在生产规模小、投资强度大、原料来源不稳定、生产成本高等问题。可持续航空燃料不能与人争粮、与粮争地。国内外试飞生物航油添加比例多小于 50%，原料多为油脂类，但受制于油脂原料持续供应困难、产油率低等问题，很难大规模应用。虽然目前获得认证的可持续航空燃料种类不少，但大多制备工艺并不成熟，距离市场应用仍有不小的差距。考虑到未来新工艺技术可用来制备更高质量的可持续航空燃料并取代现有工艺，快速部署生产线投产可能存在以下较大的不确定性风险。

一是可持续航空燃料最大掺混比例多为 50% 以下，100% 可持续航空燃料对生产技术要求更高，技术难度和成本更高。

二是原料供应困难，各种获得认证的可持续航空燃料工艺都或多或少地面临原料的长期可用性以及大规模生产的问题，工业废物废气的来源极为有限，而生产其他生物质原料又需要占用大量的耕地和水资源，木质纤维素能量密度低，搜集运输成本较高。

三是可持续航空燃料工艺大多为先进国家提出，且比较成熟，而我国的自主技术比较欠缺，提出的新路线较少。我国应支持创建具有国际领先水平的国家级科技创新平台，形成多元化航空生物燃料技术研发路线并驾齐驱格局，加大对具有自主知识产权的、面向多元化原料的油脂基航空生物燃料生产成套技术的技术支持，加大支持航空生物燃料工业化示范工程和生产示范基地建设，加大支持创建“纤维素基航油”“油脂基航油”生产示范基地，开展规模化油脂基航空生物燃料工业化示范性生产，尤其是建设年产50万吨以上的工业化生产线和年产千吨以上的配套专用高效催化剂生产线。

2.4.2 安全认证层面

国际民航组织和国际航空运输协会等国际组织的重视促使各国制定了针对航空替代燃料的相关规定，并且仍在逐年更新。然而，目前航空煤油仍然占据着航空燃料的绝对比重，通过认证的新型替代燃料极少，少数通过认证的替代燃料也由于使用成本远超传统航空煤油而难以被航空公司视作常用燃料，替代燃料的发展远不及预期，其认证过程仍存在以下几个问题。

（1）原始设备制造商承担过多的安全责任。原始设备制造商在燃料认证过程中承担了大量的符合性审查与试验工作，但其一方面对新燃料的认证缺乏兴趣，另一方面难以具备燃料制备商的充足的燃料经验。同时，认证流程要求包括特性试验、部件试验、台架试验和发动机试验在内的多种测试，这将带来相当大的时间成本和人力成本。对我国而言，商用大型发动机起步较晚，仍处于发展阶段。但按照现有规范，在我国航空替代燃料适航认证时，不得不依赖国外发动机设备生产厂商，而在当前国际环境下，国外发动机设备生产厂商几乎不可能提供认证所需的发动机产品。

（2）认证成本过高。燃料认证过程中需要大量燃料进行相关测试：规范属性审查需要约40升燃料，用途属性适合性审查需要约300升燃料，而部件试验、台架试验和发动机试验则最多需要约90万升燃料。燃料在认证阶段通常没有开始批量生产，如此多的燃料需求在燃料的认证阶段是难以得到的。对于燃料制备商而言，认证的燃料成本过于高昂，认证对燃料的大量需求与未经认证的燃料产能之间存在难以调和的矛盾。

（3）认证不具备通用性。现有流程下的燃料认证仅限于认证时所使用的发动机型号，成为“燃料-发动机”的组合认证而非燃料的许可证。组合认证的方式使新燃料的认证只能表明其可以用于认证时使用的发动机型号，对于不同类型、不同型号的发动机都需要重复进行认证，同一燃料的认证成果无法延续通用。

（4）理化特性层面过度约束导致燃料成本高。现有体系在理化特性层面利用航空燃料的经验，以航空燃料标准为边界，从理化特性层面将替代燃料约束成为与航空燃料相似的燃料，变相要求燃料研发过程成为利用各种生物质原料“造航煤”的过程，导致燃料成本高昂，极大约束了替代燃料的发展潜力。

（5）安全性保障不足。与航空煤油有大量的使用经验相比，由于替代燃料安全性缺乏历史数据支撑，其安全性检查仍主要在燃料理化特性层面，缺乏航空装备系统安全层级的安全性检查。即使原始设备制造商开展了大量的试验，在缺乏复杂系统安全性理论支撑和详细规范约束的条件下，仍然难以充分表明燃料安全性水平，无法获得公众和航空公司的信任。

原始设备制造商承担过多的安全责任、认证成本过高、认证不具备通用性、历史经验应用不充分、安全性保障不足等问题已成为替代燃料安全性认证的国际难点和热点。如何使认证流程与认证标准更加科学易行，在成本降低的同时提高认证燃料的安全性，是目前亟待解决的问题。

总体上看，可持续航空燃料作为航空业实现“双碳”目标的最有效手段，却受限于以美国 ASTM D4054、ASTM D7566 为代表的现有认证标准，存在认证难、成本高、周期长的三大障碍，面临更新慢、供给少、用不起、不敢用等问题，制约燃料发展潜力。

第3章　可持续航空燃料关键技术整体专利状况分析

通过对可持续航空燃料关键技术产业及技术发展历程的分析，可以明晰我国在全球可持续航空燃料领域所处的位置以及存在的问题，进一步准确把握我国所面临的发展风险和机遇。本章主要从可持续航空燃料关键技术的全球专利申请状况、全球技术来源、全球主要市场分布、主要技术构成以及全球主要申请人等方面入手进行宏观统计和定量分析，从而得到该领域整体态势的发展状况。

3.1　全球专利态势分析

3.1.1　全球专利申请趋势分析

对全球专利申请量趋势进行分析，可持续航空燃料关键技术发展过程可以分为以下几个阶段（参见图3－1－1）。

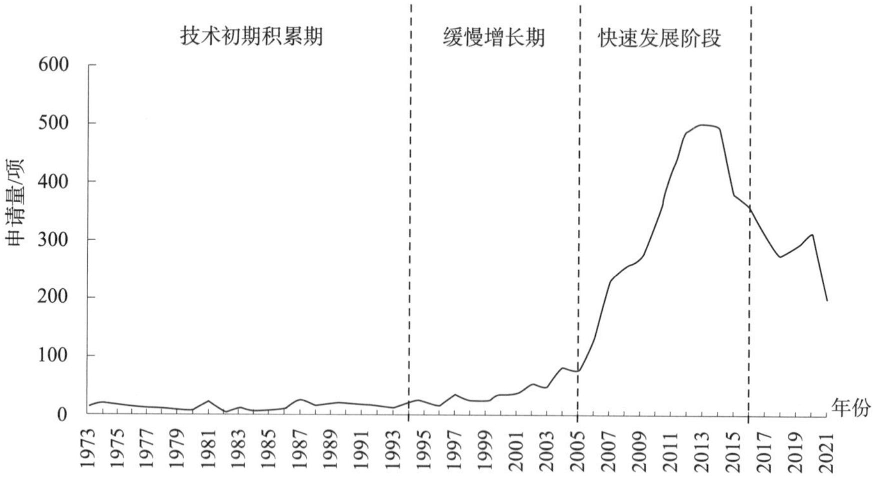

图3－1－1　可持续航空燃料关键技术全球专利申请趋势

第一个发展阶段是在1994年以前，呈现一个技术的初期积累期，这期间的发展主要源于几次的石油危机：发达国家或地区尝试摆脱石油的依赖，逐渐寻找替代能源。

第二个发展阶段是在1994～2005年，可持续航空燃料全球专利申请量缓慢增长，处于技术的积累期，摆脱化石能源依赖带来的能源危机、降低温室气体排放是航空替代燃料的研究动力。另外，在政策方面，尤其以欧盟为首的发达国家或地区逐渐推行碳排放系统。

第三个发展阶段是在2005~2016年，全球发达国家或地区逐渐加强替代能源的研发和使用，此后可持续航空燃料专利申请量呈现逐年增加态势，尤其是在2008年前后，全球每年专利申请量呈现爆发式增长。这源于在2008年以欧盟为首的发达国家或地区就开始考虑航空领域碳税的征收问题，并且在同年11月，欧洲议会和欧盟委员会通过新法案，决定将国际航空业纳入欧盟碳排放交易体系，并确定欧盟航空业碳排放交易机制于2012年1月1日起生效，全球各航空公司往返欧盟机场的航班均被强制纳入欧盟排放交易体系。

2016年对于全球可持续航空燃料产业领域是重要的一年，当年10月国际民航组织第39届大会通过了具有历史意义的国际航空碳抵消和减排计划，形成了第一个全球性行业减排市场机制，航空业也由此成为世界上第一个由各国政府协定实施全球碳中和措施的行业。因此，2008~2016年，可持续航空燃料进入快速发展时期，每年全球专利申请量均在200项以上。

自2020年以来，航空业受新冠疫情影响，众多航空公司出于市场经营考虑，大面积取消了航班、削减相关业务，因此航空业在发展过程中，低碳发展有所降低，可持续航空燃料专利申请量也有所减缓。

3.1.2　全球专利布局区域分析

本节对可持续航空燃料关键技术的全球专利布局进行分析，研究全球目标市场及技术的流向。

图3-1-2显示了可持续航空燃料关键技术全球专利主要目标市场占比的情况。

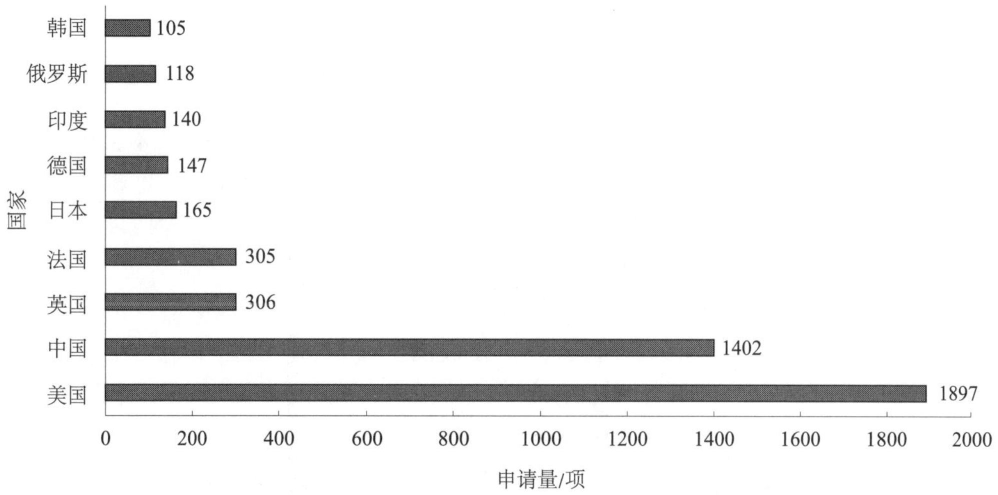

图3-1-2　可持续航空燃料关键技术全球专利主要国家布局

民航业作为全球化运输的主要方式之一，在世界各地的联系过程中发挥着巨大的作用，也影响着国际政治经济形势的发展方向。由图3-1-2可以看出美国是最大的目标市场，其次是中国以及欧洲的英国、法国。美国是传统的民航大国，也是在推行民航领域全球碳排放标准的主要发达国家之一，因此格外重视该领域的专利布局。中国作为人口大国，民航业是其重要的战略产业。随着经济的腾飞，民航业在国民经济发展中起到举足轻重的作用，我国也越来越重视航空业可持续航空燃料的发展。欧洲是全球民航领域低碳最为强烈的推动者，英国和法国作为欧洲老牌航空强国同样重视该领域的专利市场布局。整体上，初步形成了中国、美国、欧洲三足鼎立的情形，并且中国和美国存在较为激烈的竞争关系。

3.1.3 全球专利技术流向

图3-1-3显示了可持续航空燃料关键技术全球专利主要申请国家的本国申请量及对外申请量的对比情况。美国申请人本国申请量最多，其次是中国。

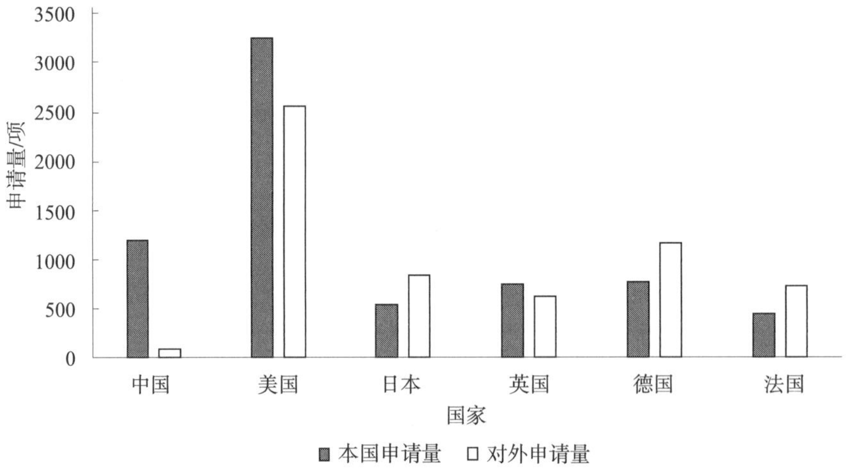

图3-1-3 可持续航空燃料关键技术全球专利主要国家申请人本国申请及对外布局

图3-1-4（见文前彩色插图第1页）显示了可持续航空燃料关键技术全球专利主要申请国家对外进行技术输出的具体情况，可以看出：美国是最大的技术输出国，其在中国及欧洲均有一定数量的输出；德国、法国及日本同样重视在中国的技术输出；我国向其他各国的技术输出量较少。

因此，通过分析该领域全球专利主要申请人本国申请量及对外申请量情况可以看出，美国在该领域拥有绝对的领先优势，尤其重视全球布局。我国申请人虽然在国内有一定数量的积累，但是向国外输出情况与发达国家存在较大的差距，不利于我国未来在该产业领域全球化的发展，存在受制于人的风险。

3.1.4 全球专利主要申请主体分析

对全球专利主要申请人展开分析，图3-1-5显示了可持续航空燃料关键技术全球专利申请量排名前十位的申请人，主要来自美国。壳牌公司是全球第一大石油公司，是可持续航空燃料领域重要的推动者，该公司目标为到2025年每年生产200万吨可持续航空燃料，并且注重全球化布局。美国申请人占据了六席，分别为埃克森美孚、

UOP、标准石油等，足见美国整体在该领域具有强大的竞争力。中国申请人占据两席，分别是中国石化和中科院所。

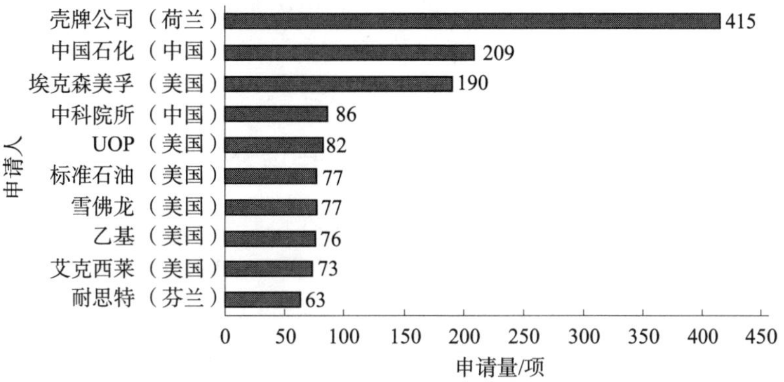

图3-1-5 可持续航空燃料关键技术全球专利主要申请人

3.2 中国专利态势分析

为了了解国内在可持续航空燃料领域的专利申请整体态势，本节从中国的专利申请趋势、技术来源、主要申请人等方面开展专利分析。

3.2.1 中国专利申请趋势分析

对中国可持续航空燃料关键技术专利申请趋势进行分析，图3-2-1显示了中国和美国专利申请趋势对比。中国在2004年以前处于一个缓慢的技术积累期，从2004年开始进入快速发展期。航空运输是一个高度全球化的产业，全球对于航空领域碳排放越来越重视，以美国和欧盟为首的发达国家或地区积极构建碳排放相关标准及体系。从2012年起，欧盟为了达到航空减排目标，对所有抵达和离开欧盟境内的商业航班征

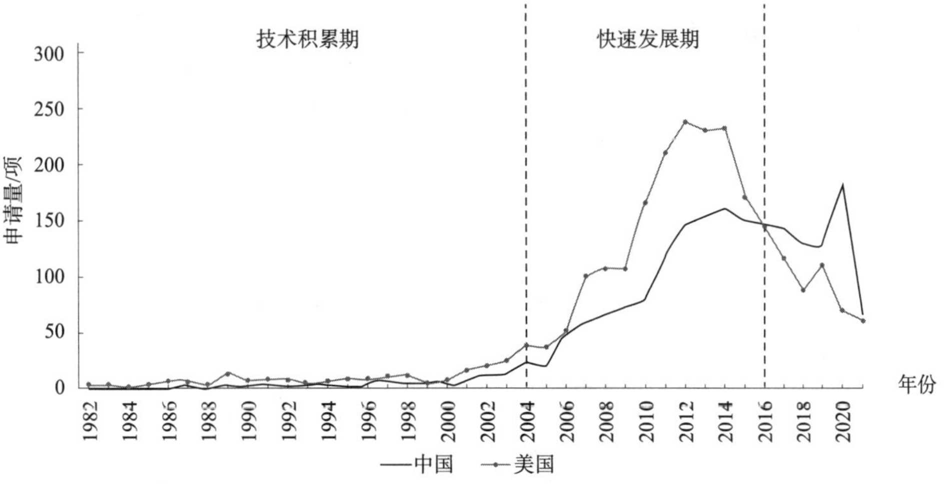

图3-2-1 可持续航空燃料关键技术中国专利申请趋势

收碳排放税。2000 多家航空公司被纳入欧盟排放交易体系，其中包括 35 家中国公司，国内产业面临着航空碳减的压力，这促使我国加快在可持续航空燃料领域的快速发展，专利申请量也随之快速增长。但在这期间美国的申请量始终高于我国。美国在该领域既具有先发优势，又有技术长期的积累优势。2016 年之后中国和美国申请量出现了一个“剪刀叉”，我国的年申请量逐渐超越美国。

3.2.2　2015～2020 年中国与全球主要国家专利申请分析

图 3－2－2 显示了 2015～2020 年中国与其他在可持续航空燃料领域的主要参与国专利申请情况对比，可以看出申请量主要集中在中国和美国。

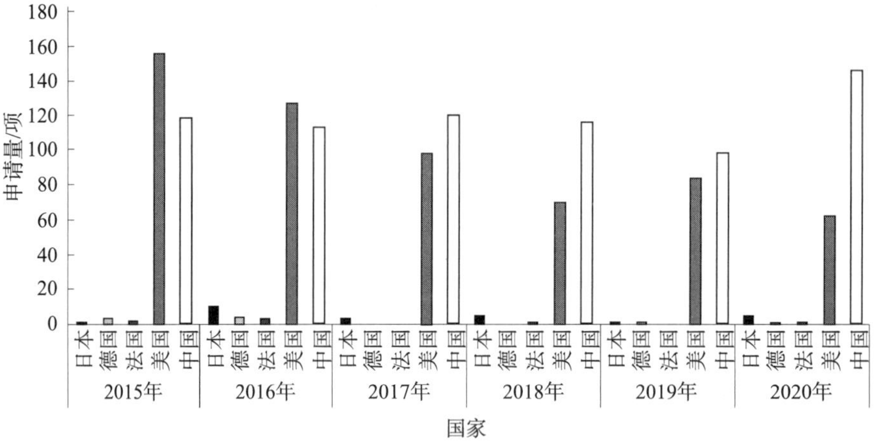

图 3－2－2　可持续航空燃料领域 2015～2020 年全球主要国家专利申请趋势

3.2.3　中国专利申请技术来源

图 3－2－3 显示了可持续航空燃料关键技术在中国专利申请的技术来源国家或地区情况。其中，中国申请人占比为65%，美国申请人占比为18%，欧洲的荷兰、芬兰、法国和德国均在我国有专利布局。这一方面说明国外申请人重视我国的市场，另一方面表明我国申请人在发展过程中将面临着与来自美国和欧洲等重要创新主体比较大的竞争。

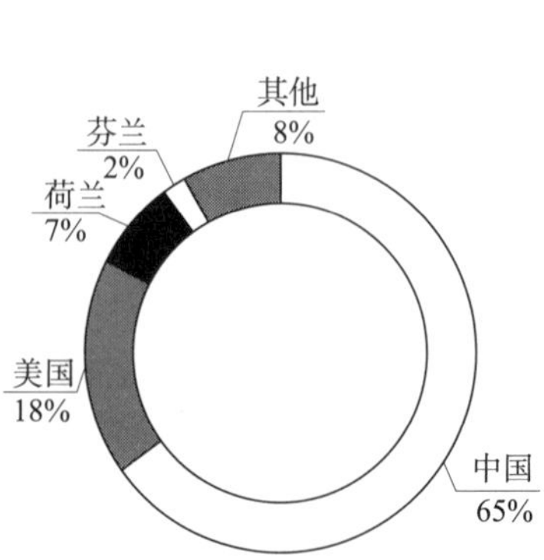

图 3－2－3　可持续航空燃料关键技术在中国专利申请技术来源国家或地区分布

3.2.4　中国专利主要申请人分析

图3-2-4显示了可持续航空燃料领域中国专利申请排名前十位的主要申请人。其中，我国的中国石化累计申请209项，排名第一；壳牌公司申请129项，为国外申请人来华专利申请排名第一，足见其非常重视我国的市场；中科院所累计申请86项。前十名申请人中，其中一半为国外申请人，尤其以美国申请人为主。分析我国主要申请人的特点，既有产业化完善的中国石化和中国石油，还有科研能力突出的中科院所、浙江大学和天津大学——这些为我国在该领域的发展注入了持续性的活力。

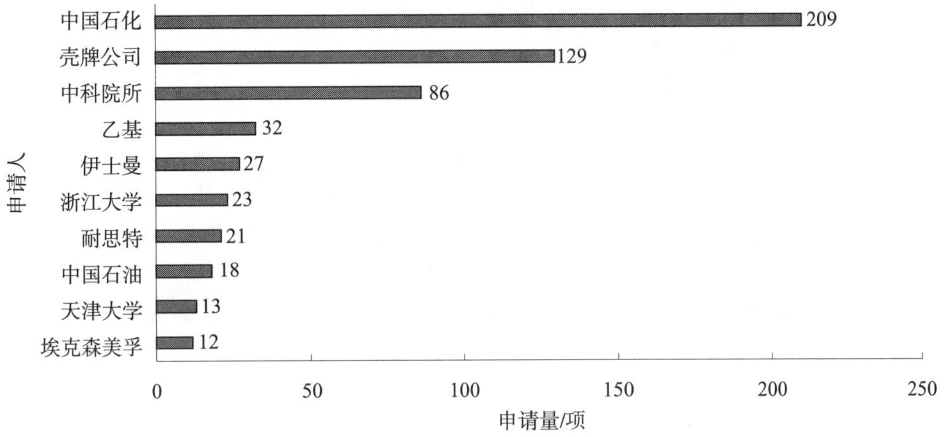

图3-2-4　可持续航空燃料领域中国专利主要申请人排名

进一步对可持续航空燃料领域我国专利申请人中的公司成立年限和申请量情况进行分析，图3-2-5显示了截止日期为2021年12月31日，不同成立年限的公司专利申请量的排布。其中成立22年的中国石化是我国在该领域的最主要的申请人，成立年限为4~6年的申请人也相对较多，表明了我国在该领域具有持续性的发展活力。

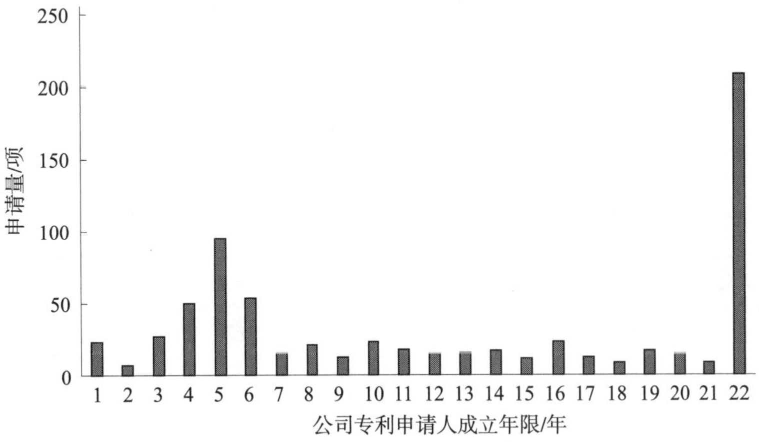

图3-2-5　可持续航空燃料领域我国公司专利申请人成立年限和申请量

3.2.5 中国专利申请人省份分布

对可持续航空燃料领域我国专利申请人主要省份分布情况进行分析，图3-2-6显示主要集中在北京、江苏和辽宁。北京高校、科研院所较多，江苏和辽宁相关生产企业较为集中。

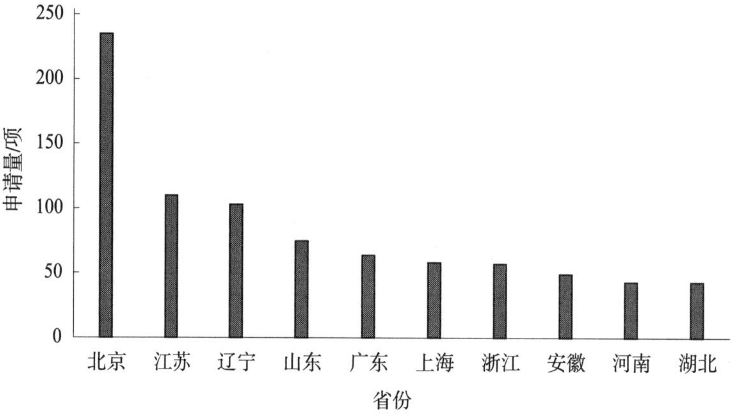

图3-2-6 可持续航空燃料领域我国专利申请人主要省份分布情况

第4章　原料及制造工艺专利整体态势分析

4.1　原料相关专利分析

4.1.1　全球专利态势分析

4.1.1.1　全球专利申请趋势分析

图4-1-1为制备可持续航空燃料所用原料全球专利申请量趋势分析。原料发展过程可以分为以下三个阶段。

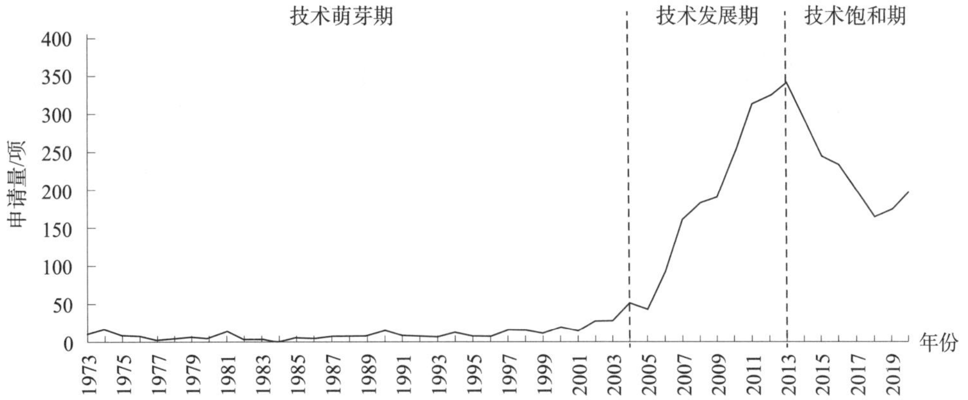

图4-1-1　制备可持续航空燃料所用原料全球专利申请量趋势

第一阶段在2004年以前，该阶段为技术萌芽期。该阶段传统化石燃料价格较为低廉且易于获取，生物燃料如花生油、玉米油等价格较为昂贵，处理工艺复杂，加工成本高，采用可持续生物原料及可持续合成原料制备航空燃料在该阶段并没有获得过多的关注。虽然在该阶段可持续生物原料及可持续合成原料方面受到的关注较少，但仍然具有一定的技术积累。鲁道夫·狄赛尔于1893年发明的柴油发动机最初便是使用花生油作为燃料。早在1933年，英国申请人 Alan Arnold Griffith 就提出了一件专利申请 GB414410A，其中记载了在航空燃料中加入醇类物质可以改善其防冻性能。又如1941年法国发明人 M. Noël Urvoas 提出了一件专利申请 FR873112A，其中记载了通过提取蓖麻籽油中的植物油脂，进一步处理后获得航空燃料。在20世纪50～70年代涌现了一批采用动植物油脂，如椰子油、豆油、牛油等制备的添加剂添加至航空燃料中改善航空燃料性能，如抗腐蚀、抗静电、防冻、稳定性等的专利申请。上述技术积累为后续可持续航空燃料的发展奠定了一定的技术基础。

第二阶段为2004～2013年，该阶段为技术发展期。2004年巴西航空工业公司制造的全部使用乙醇燃料的“伊帕内玛”型农用飞机获得了适航证书，成为世界上第一种批量生产、使用生物燃料的飞机。“伊帕内玛”型农用飞机作为低碳飞行的榜样，为可持续航空燃料技术的快速发展开启了良好的开端。从图4－1－1中可以看出，该阶段存在两个明显的快速发展阶段。第一个快速发展阶段从2006年开始。2006年欧盟委员会提议将航空运输业纳入碳排放交易体系中。2008年欧洲议会通过了关于将航空运输业纳入碳排放交易体系的草案；同年欧盟提出了为配合新环保要求针对欧洲航空业设计的“清洁天空”计划，旨在大幅度降低航空业带来的碳排放。上述一系列政策措施促成了第一个快速发展阶段。第二个快速发展阶段从2009年开始。2009年ASTM按照ASTM D4054“喷气燃料新产品及添加剂”规定的程序把合成烃类替代燃料单独起草为一个标准ASTM D7566－09，并且，2009年在哥本哈根《联合国气候变化框架公约》缔约方第15次会议上，国际航空运输协会设定了实现2020年“碳中和”以及2050年碳排放比2005年减半的规划。在上述一系列政策措施的激励下，制备可持续航空燃料所用原料的研发迎来了第二个快速发展期。2011年也是可持续航空燃料领域关键的一年：荷兰皇家航空公司进行了首次使用生物燃料的商业飞行，其原料为使用过的烹饪油；全球燃油标准机构批准了生物燃料在民用航空领域的应用，这直接促成了原料全球专利申请量在2013年达到了高峰，高达339项。

第三阶段为2013年以后，该阶段为技术饱和期。从2013年以后，原料专利申请量呈持续下降趋势，行业内热度有所降低。究其原因，在可持续航空燃料领域，尤其是油脂类原料，是在现有的生物柴油的工艺路线上进行的技术改进，各国在生物柴油的制备工艺中早已进行了多年的技术储备。之所以在2013年以前出现专利申请的大量增长，是因为在可持续航空燃料领域各项利好政策、措施的激励下，为了配合从生物燃料到可持续航空燃料的技术转变而进行的研究；实际上，制备可持续航空燃料领域所用原料及工艺路线的研究已经趋近于成熟。在该阶段中，2020年专利申请量有一个小幅度的上升，原因在于2020年世界航空运输行动小组发布了全球航空业应对气候变化的2050年路线图报告“Waypoint 2050”，报告中指出可持续航空燃料将在全球航空运输业减排过程中扮演关键角色。

2022年6月21日，国际航空运输协会在多哈呼吁：各国政府应制定大规模激励措施，迅速扩大可持续航空燃料的使用。可持续航空燃料产业发展道路虽然存在一定困难，但气候与环境问题和每个人息息相关，各国政府、民航局、航空公司、机场、空中交通管理部门、航空制造企业正在展开行动，从技术、运营、可持续航空燃料和碳抵消等方面探索开创新路径。在节能减排需求日益高涨的背景下，可持续航空燃料即将迎来发展的春天。

制备可持续航空燃料所用原料包含可持续生物原料（如油脂类原料、木质纤维素类原料、生活废弃物）及可持续合成原料（如醇类原料、糖类原料及CO_2）。由于2004年以前为技术萌芽期，全球专利申请量较少，图4－1－2仅显示了油脂类原料、木质纤维素类原料、生活废弃物、醇类原料、糖类原料及CO_2在2004～2020年的全球专利申请量趋势。从图4-1-2中可以看出可持续航空燃料关键技术发展之初呈现出原材料多元化、并行化发展的景象，原因在于生物燃料包含生物乙醇、生物柴油及可持续航空燃料等。可持续航空燃料相对于生物乙醇、生物柴油等生物燃料发展较晚，生物乙醇、生物柴油等生物燃料给可持续航空燃料的发展奠定了一定的技术基础。

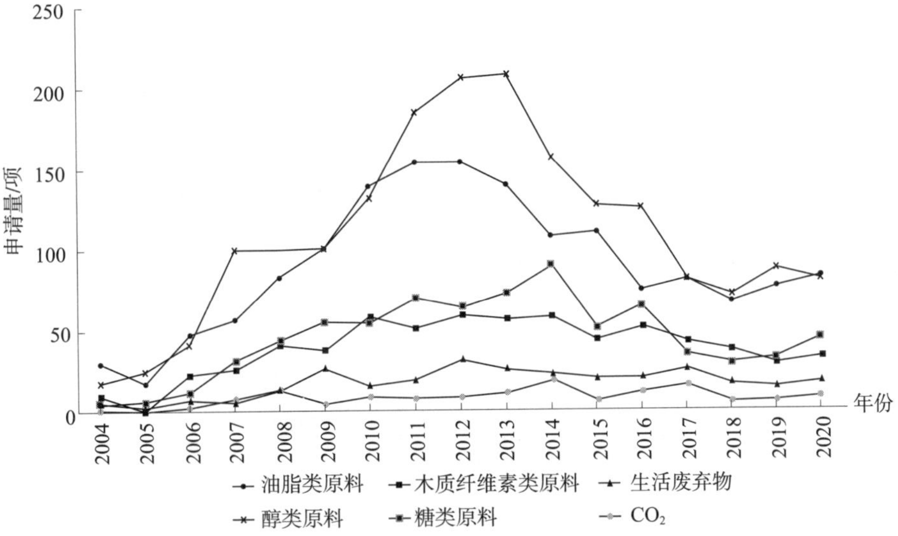

图4-1-2 制备可持续航空燃料所用原料各三级分支全球专利申请量趋势

4.1.1.2 全球专利布局区域分析

通过对制备可持续航空燃料所用原料的相关专利申请布局国家或地区的分析，可以了解全球主要国家原料市场的活跃情况。

图4-1-3显示了制备可持续航空燃料所用原料相关专利全球目标市场布局的情况。可以看出，美国是该领域的主要市场，其2697件专利在全球目标市场占比高达

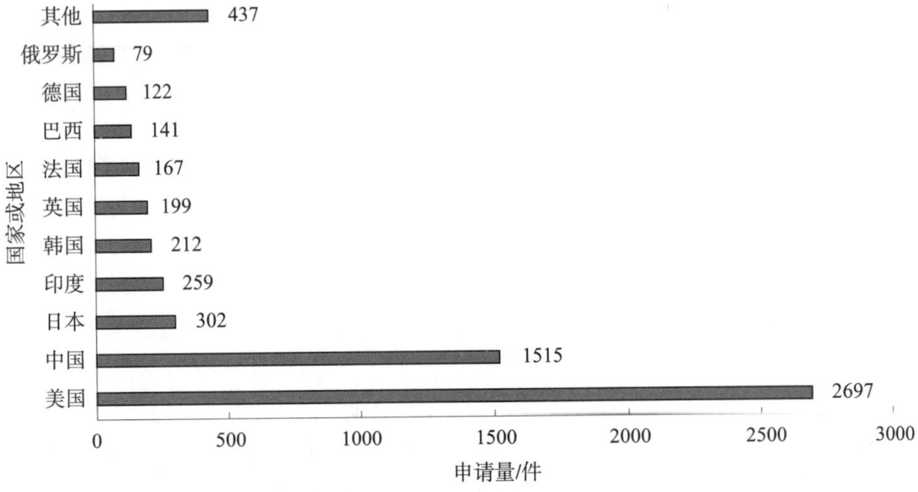

图4-1-3 制备可持续航空燃料所用原料全球主要国家或地区专利布局情况

44.00%。美国既是该领域的主要技术来源国，也是专利布局的主要市场国。美国整个航空产业在不断拓展生物燃料方面的开发和应用空间，从国家能源战略层面高度重视生物燃料的研发和应用工作，而且通过政府扶持、提供补贴、政府采购等方式促进生物燃料在航空等运输业的使用和推广。可见美国在该领域市场活跃度高，竞争激烈。中国紧随其后，达到1515件专利，在全球目标市场占比24.71%。中国作为世界人口大国，民航运输市场需求潜力巨大，能源消费和排放刚性快速增长，要实现民航绿色转型、全面脱碳，时间紧、难度大、任务重。中国在该领域具有较大的市场潜力。随后是日本、印度、韩国、英国、法国、巴西等国。

4.1.1.3 全球专利技术流向分析

图4-1-4为制备可持续航空燃料所用原料全球主要国家的专利技术流向情况，主要对中国、美国、英国、荷兰、日本、德国进行分析。中国申请人申请总量为722件，流向国外仅有49件，进入其他国家的专利申请量占比6.79%。在国外的专利申请较少，这一方面反映了国内创新主体在海外的知识产权保护意识和保护力度亟须加强，另一方面反映了该领域中国专利申请的质量与美国、英国、荷兰、日本、德国仍存在差距，在核心技术研发、抢占技术制高点的道路上仍然任重而道远。

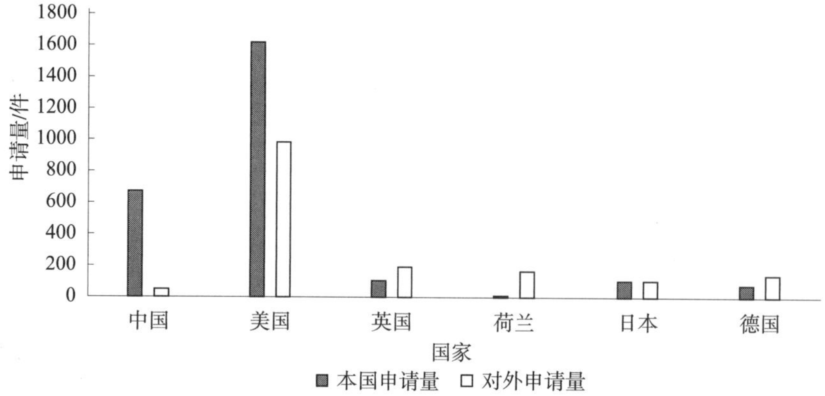

图4-1-4 制备可持续航空燃料所用原料主要申请国家申请人专利申请量及主要申请国家对外专利技术输出量

相比之下，美国、英国、荷兰、日本、德国则非常重视专利申请的海外布局。美国在海外专利布局高达984件，英国、荷兰及德国海外申请量总和均高于其在国内申请量，日本在海外的申请量总和与其在国内申请量持平。可以看出美国、英国、荷兰、日本和德国的创新主体更为重视拓展海外市场，其原因之一在于这些国家的专利制度更为成熟，其创新主体也非常重视海外市场知识产权保护。

另外，美国申请人申请总量为2603件，进入中国、英国、荷兰、日本、德国的专利申请量分别为424件、139件、52件、269件、100件。可以看出美国申请人不仅在其本国市场活跃度高，也开拓了广阔的海外市场，尤其瞄准了中国市场的巨大潜力，在中国具有较多的专利布局。英国申请人申请总量为296件，进入中国、美国、荷兰、日本、德国的专利申请量分别为37件、83件、11件、36件、24件，由此可知英国更倾向于在美国进行专利布局，其次是在中国和日本。荷兰申请人申请总量为 176 件，进入中国、美国、英国、日本、德国的专利申请量分别为 80 件、46 件、8 件、18 件、13 件，可见荷兰更倾向于在中国、美国进行专利布局；另外，荷兰申请人在荷兰本国专利申请量仅为 11 件，这也可以看出荷兰在该领域市场需求较小。日本申请人申请总量为 210 件，进入中国、美国、英国、荷兰、德国的专利申请量分别为 39 件、58 件、2 件、1 件、5 件，可见日本更倾向于在美国、中国进行专利布局。德国申请人申请总量为 218 件，进入中国、美国、英国、荷兰、日本的专利申请量分别为 26 件、64 件、17 件、7 件、27 件，可见德国更倾向于在美国、日本、中国进行专利布局。

4.1.1.4　全球专利主要申请主体分析

图 4 –1 –5 为制备可持续航空燃料所用原料全球专利排名前十的申请人。排名第一的是荷兰的壳牌公司。壳牌公司是世界第一大石油公司，是国际上主要的石油、天然气和石油化工生产商。壳牌公司积极布局生物柴油、生物乙醇、可持续航空燃料和可再生天然气等低碳燃料的研发、生产和供应。壳牌公司表示其目标是到 2025 年生产 200 万吨可持续航空燃料，并希望到 2030 年可持续航空燃料占其全球航空燃料销售额的 10%。壳牌公司由此成为全球第一家宣布低排放航空燃料产出和销售目标的大型石油公司。在排名前十的申请人中，有两个来自中国，分别是中国石化及中科院所。早在 2011 年，中国石化成功开发出具有自主知识产权的可持续航空燃料生产技术，并推动可持续航空燃料在 2013 年、2015 年、2017 年相继完成首次技术试飞、首次国内商业航班应用、首次跨洋国际航班应用，使得中国成为继美国、法国、芬兰之后第四个拥有可持续航空燃料自主研发生产技术的国家，助力国家碳达峰、碳中和战略目标的实现，加快推进碳中和绿色技术研发转化应用。2021 年中国石化与中科院所联合成立了碳中和绿色技术联合研发中心，以期通过助推科技成果转化规模应用及人才和平台共享，形成国际一流的碳中和研发中心，建成具有国际影响的绿色低碳产业示范园区，为国家碳达峰和碳中和战略目标实现提供技术支撑。全球排名前十的申请人有六个来自美国，分别为埃克森美孚、艾克西莱、陶氏杜邦、UOP、雪佛龙及乙基。美国在该领域的创新主体主要集中在各大石油化工企业。

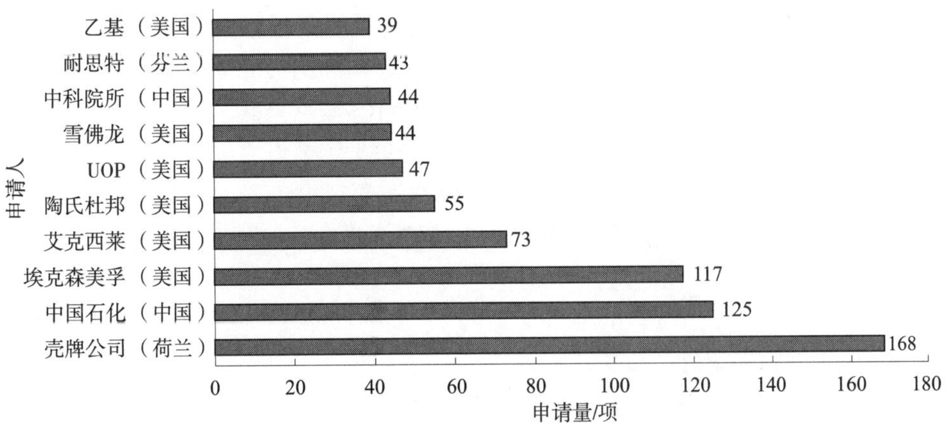

图 4 –1 –5　制备可持续航空燃料所用原料全球专利主要申请人排名

4.1.1.5 全球专利技术构成分析

图4-1-6为制备可持续航空燃料所用原料全球专利技术分布情况。制备可持续航空燃料所用原料分为可持续生物原料及可持续合成原料两类，其中可持续生物原料中油脂类原料占比较高，可持续合成原料中醇类原料占比较高。

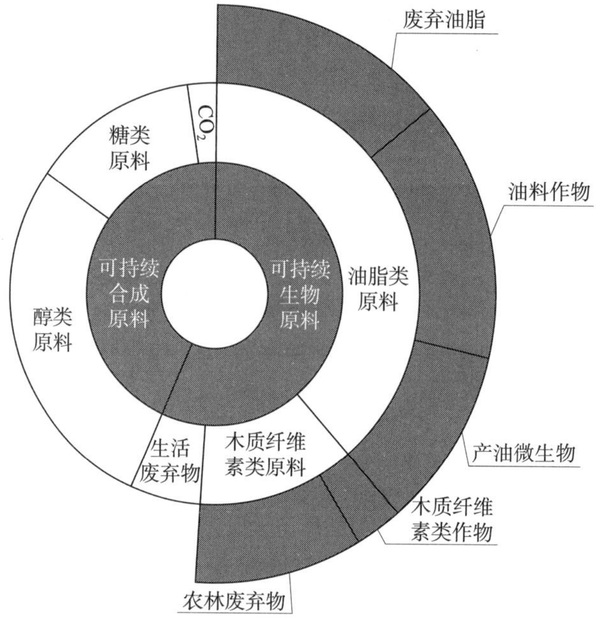

图4-1-6 制备可持续航空燃料所用原料全球专利技术构成

油脂类原料包含废弃油脂、油料作物及产油微生物。由于油脂类原料具有来源广、环境污染小等优点，一直是包括可持续航空燃料在内的生物燃料的主流原料。英国维珍大西洋航空公司制造的世界上首架生物燃料动力飞机在2008年2月成功进行的首航测试中所使用的可持续航空燃料就是以油脂类原料——巴西棕榈树油及椰子油制备得到的。镇海炼化通过可持续生物材料圆桌会议认证的酯类或脂肪酸加氢技术，其中可持续航空燃料产品是以废弃油脂为原料制备得到。油脂类原料目前的主流处理路线为酯类或脂肪酸加氢技术，且随着技术的发展，油脂类原料通过催化水解技术制备得到可持续航空燃料也于2020年纳入ASTM D7566可选调和组分目录。该技术具有预处理工艺简单、工艺过程简单、能源和资金消耗量小等优势。

可持续合成原料中醇类原料发展较早，早在1933年就有在航空燃料中加入醇类物质以改善其防冻性能的相关专利申请，技术成熟，专利申请量占比较高。为坚持“不与民抢粮，不和粮争地”，后期醇类原料应当坚持“非粮”发展。

4.1.2 中国专利态势分析

4.1.2.1 中国专利申请趋势分析

图4-1-7为制备可持续航空燃料所用原料中国专利申请趋势分析。原料发展过程可以分为以下两个阶段。

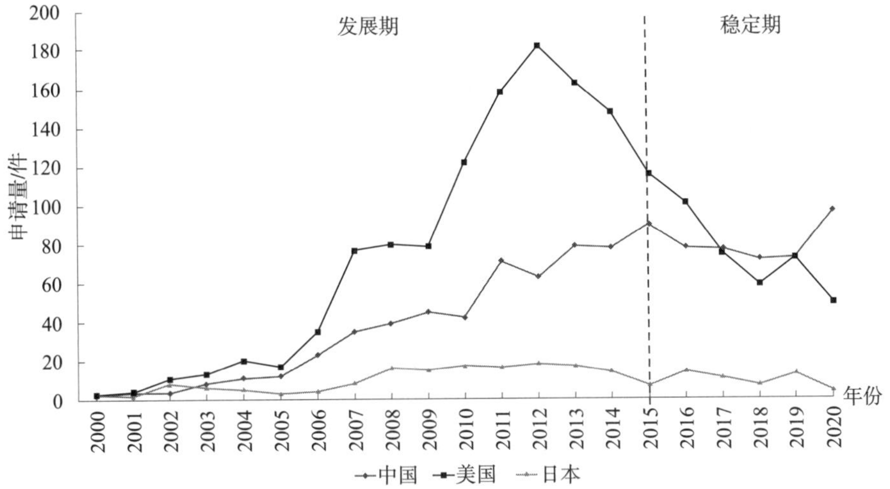

图4-1-7　制备可持续航空燃料所用原料中国专利申请趋势

2015年以前为发展期。中国在该领域研发较晚，2000年前的专利数据处于空白，其中一方面原因在于我国知识产权制度起步较晚。《专利法》于1984年颁布，并于1985年4月1日正式实施，而在此之前我国知识产权保护意识较为薄弱，国内大多数企业尚未建立知识产权管理部门，偏向于重视有形资产的保护，忽视了对无形资产的保护。另一方面原因在于虽然我国作为农业大国具有丰富的生物质资源，但是我国生物质燃料发展起步较晚，相比欧美发达国家存在一定的差距。

2000~2015年，中国在该领域呈波动式发展阶段，整体呈上扬的趋势。2000年瑞典的阿格罗弗尔股份公司发现了中国在该领域巨大的市场潜力，在中国提出了一项关于喷气发动机用的稳定匀质的发动机燃料组合物的专利申请。该项专利指出可再生植物资源生产的发动机用发动机燃料的开发具有重要现实意义，并在燃料组合物中添加由可再生植物资源得到的含氧有机化合物以改善燃料组合物的性能及减少过量二氧化碳的排放。随着2005年2月28日第十届全国人民代表大会常务委员会第十四次会议通过了《可再生能源法》，并且在《可再生能源法》的基础上制定了一系列的促进我国生物质能产业发展的政策措施，国家不仅制定了短期和中长期发展规划，为生物质能产业的长远发展指明了方向，还通过各种优惠政策促进生物质能产业的发展。我国政府已经连续在四个五年规划中将生物质能作为一项重点科技攻关项目来进行研究，尤其是从“十一五”开始，国家把生物质能产业作为一项战略性新兴产业来进行扶持，这些政策的出台在很大程度上推动了生物质能产业的快速发展，生物质能产业正逐步走上产业化发展的道路。

2015年以后为稳定期，中国在该阶段呈平稳式发展。虽然在2014年联合国粮食及农业组织发布的《世界粮食不安全状况2014》影响下，中国专利申请量于2015~2018年有一个短暂的、较小幅度的下降，但2015~2020年专利申请量每年均达到70件以上，并在2020年达到了97件。总体来说，2015年以后在该领域中国处于一个平稳发展期。

虽然相较于美国，我国可持续航空燃料技术起步较晚，但总体发展呈稳步上升的趋势。而美国在2012年后专利申请量锐减，其创新主体在2012年以后对该领域的研发热情有所减弱。2017年以后，中国专利申请量赶超了美国。

4.1.2.2 中国专利申请技术来源分析

图4-1-8表示制备可持续航空燃料所用原料中国专利申请主要技术来源国分布情况。可以看出，中国国内申请占比62.04%，国外申请占比37.96%。国外申请占比不小，这说明该领域中国市场潜力大，国外各大创新主体纷纷瞄准中国市场，在中国市场开启专利布局，其中专利申请来源最多的国家为美国，其次来源于荷兰、芬兰、日本、英国等国家。

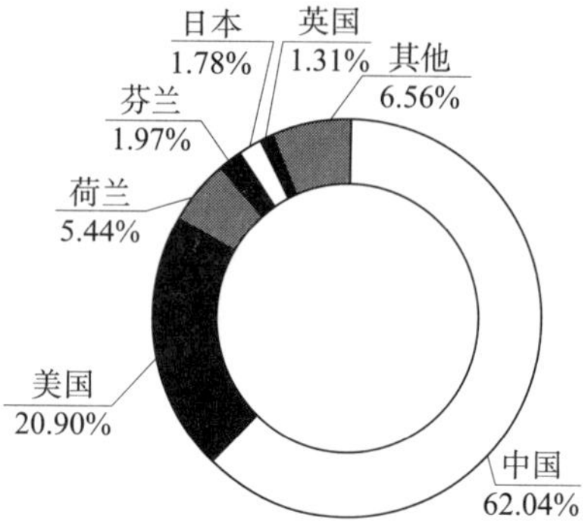

图4-1-8 制备可持续航空燃料所用原料中国专利申请主要技术来源国分布

4.1.2.3 中国专利申请人主要省份分布分析

图4-1-9为制备可持续航空燃料所用原料中国专利申请人主要省份专利申请排名，其中北京专利申请量最大。北京拥有中国石化、中国石油等大型石油化工企业以及中科院所、北京航空航天大学等领域内重点科研院所和高校，优势资源集中，在该领域占据优势地位。江苏在该领域专利申请量位居第二。江苏的专利申请以江苏大学、江南大学、东南大学等高校申请为主。中科院所系统中的大连化学物理研究所对可持续航空燃料的研究热情较高，辽宁在该领域专利申请量排名第三。北京是全国科技资源最集中的地区，高校、科研院所的数量及科研实力居全国首位，可以发挥北京资源优势，加快推进产学研用深度融合，推动可持续航空燃料关键技术快速发展。

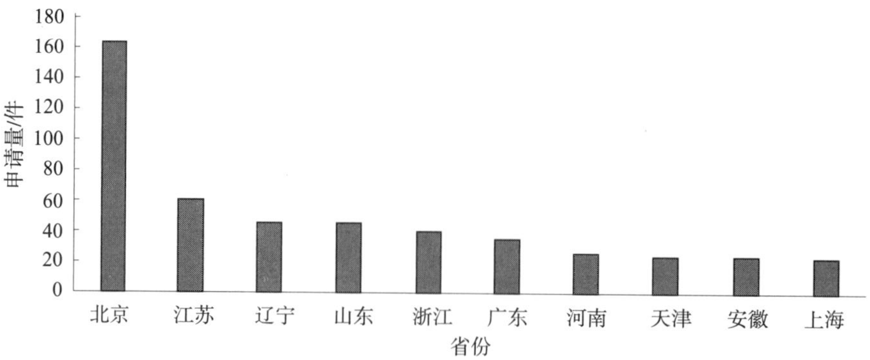

图4-1-9 制备可持续航空燃料所用原料中国专利申请人主要省份分布

4.1.2.4 中国专利主要申请人分析

图4－1－10为制备可持续航空燃料所用原料中国专利主要申请人排名情况，排名第一的为中国石化。在“双碳”背景下，中国石化积极顺应时代潮流，主动拥抱绿色变革，以碳的“净零”排放为终极目标，加速打造低碳竞争力，积极引导我国能源化工行业低碳转型进程。壳牌公司作为世界第一大石油公司，积极研发及布局，瞄准中国市场，在中国具有较多的专利布局。另外，美国公司伊士曼、乙基及阿莫科也在中国具有较多的专利申请。国内中科院所、浙江大学、南开大学均对该领域具有深入的研究。

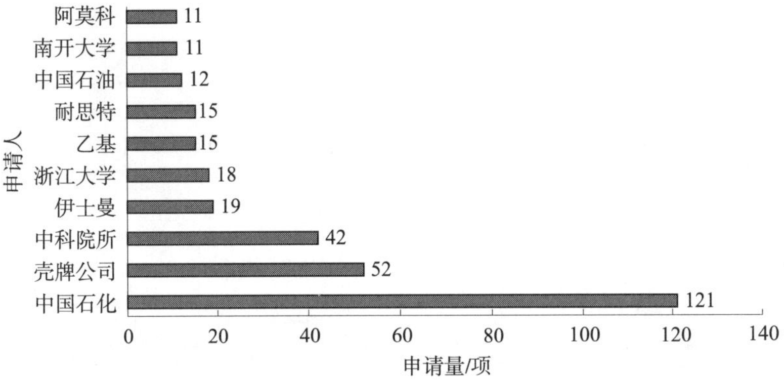

图4－1－10 制备可持续航空燃料所用原料中国专利主要申请人排名

4.1.2.5 中美专利有效性分析

专利有效状况能直接反映一个国家、地区或申请人的自主创新能力和市场竞争力。由图4－1－11可以看出，目前我国制备可持续航空燃料所用原料相关专利申请中，在审申请占比19%，失效专利/申请占比42%，有效专利占比39%；美国相关专利申请中，在审申请占比6%，失效专利/申请占比47%，有效专利占比47%。对比中美专利情况，我国在审申请占比较高，可以看出我国近年来在该领域涌现了较多的专利申请，中国创新主体已经开始发现该领域的巨大市场潜力，投入了较多的研发精力，并且知识产权保护意识也在不断加强。

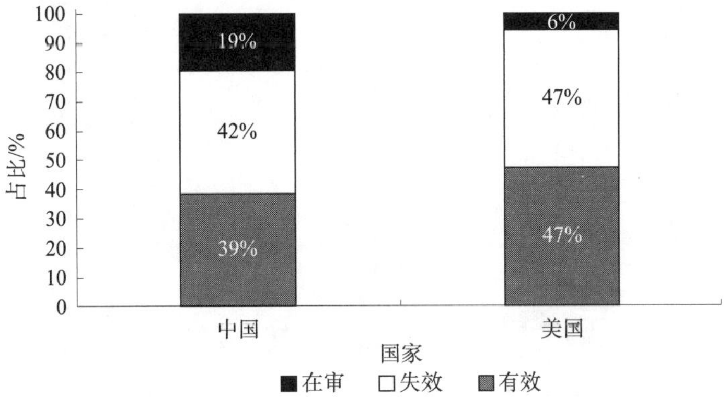

图4－1－11 制备可持续航空燃料所用原料中美专利有效性对比

4.1.2.6 中国专利技术构成分析

制备可持续航空燃料所用原料包含可持续生物原料如油脂类原料、木质纤维素类原料、生活废弃物及可持续合成原料如醇类原料、糖类原料及 CO_2。图 4－1－12 为中国和美国制备可持续航空燃料所用原料各分支占比情况。从图中可以看出，美国的优势原料为醇类原料。美国农业发达，是乙醇生产和出口大国，竞争处于明显优势，在醇类原料方面有着中国无法比拟的优势条件。中国创新主体更偏向于使用可持续生物原料中的油脂类原料、木质纤维素类原料，这与中国的基本国情是基本相符的。

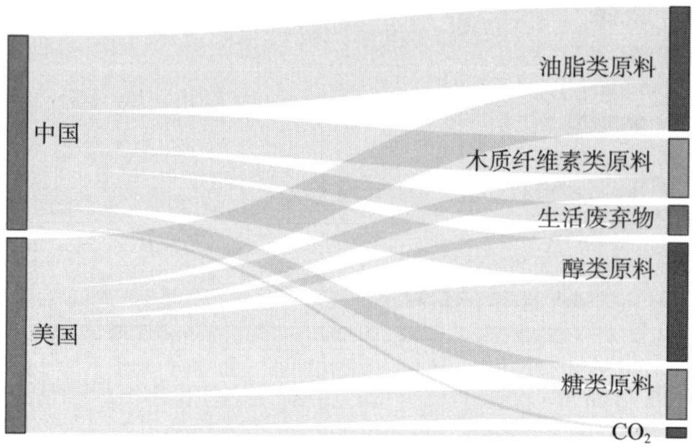

图 4－1－12 制备可持续航空燃料所用原料中美专利技术构成对比

注：线条粗细表示申请量多少。

油脂类原料包含废弃油脂、油料作物及产油微生物。木质纤维素类原料包含木质纤维素类作物、农林废弃物。图 4－1－13 为油脂类原料、木质纤维素类原料中美两国专利技术构成对比。从图中可以看出，油脂类原料中，中国以废弃油脂、油料作物为主，而美国废弃油脂、油料作物、产油微生物三种原料发展较为均衡，占比均在 33% 左右。相比较而言，中国在第三代生物原料产油微生物上的研发力度较弱。木质纤维素类原料中，中国是以农林废弃物为主，木质纤维素类作物占比较低。

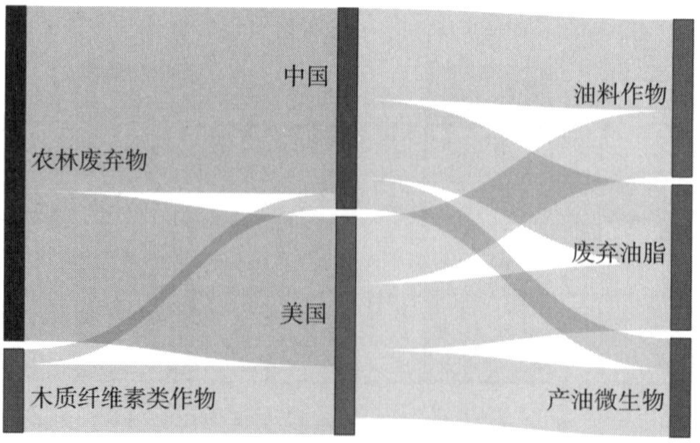

图 4－1－13 油脂类原料、木质纤维素类原料中美专利技术构成对比

注：线条粗细表示申请量多少。

总体来说，我国作为餐饮大国，具有大量的废弃油脂潜在资源，应充分利用自身的优势，通过规范废弃油脂源头管理、收运和处理管理，实现废弃油脂的持续、稳定供应，带动我国可持续航空燃料产业链发展，加快实现废弃油脂的资源化利用。另外，相较于美国，我国产油微生物相关专利布局较少，应增强相关专利布局。

4.2 工艺相关专利分析

4.2.1 全球专利态势分析

4.2.1.1 全球专利申请趋势分析

图4－2－1为可持续航空燃料关键技术制造工艺全球专利申请量趋势分析。可持续航空燃料关键技术制造工艺发展过程可以分为以下几个阶段。

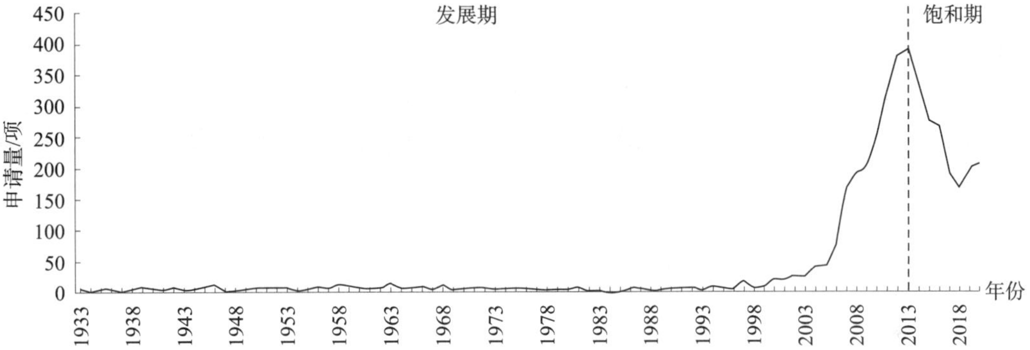

图4－2－1 可持续航空燃料关键技术制造工艺全球专利申请量趋势

第一个发展阶段是2013年以前，可持续航空燃料关键技术制造工艺相关全球专利申请量呈现逐步递增状态，处于技术的发展期。在发展期间，1933年，英国申请人Alan Arnold Griffith在专利GB414410A中首次将醇作为合成燃料的添加剂原料从而改善了燃料的防冻性，增加了燃料的流动性。随后1946年，美国申请人Standard Oil Development Company设计了以一氧化碳和氢气作为原料制造液体燃料烃的反应器相关结构件，并对反应条件进行了专利布局，申请专利FR919679A。1949年，法国申请人Usines Chimiques和Metallurg De Decazeville针对采用木材作为热解制备燃料的相关工艺和设备进行了专利布局，申请专利GB692773A。1962年，美国太阳石油公司（Sun Oil Company）发现将微生物包括诸如细菌、放线菌、藻类、真菌和酵母之类作为喷气航空燃料的合成添加原料，能够对储存燃料的储罐抑制活性，并且在低浓度下具有高活性，有效降低成本，申请专利US3361546A。随后，由于2008年11月欧洲议会和欧盟委员会通过新法案，决定将国际航空业纳入欧盟碳排放交易体系，并确定欧盟航空业碳排放交易机制于2012年1月1日起生效，全球各航空公司往返欧盟机场的航班均被强制纳入欧盟排放交易体系；2009年ASTM把合成烃类替代燃料单独起草标准ASTM D7566，对合成航空生物燃料的组成与性能进行规范；同年在哥本哈根《联合国气候变化框架公约》缔约方第15次会议上，国际航空运输协会设定了实现2020年“碳中和”及2050年碳排放比2005年减半的规划，全球每年专利申请量呈现爆发式增长，并涌现出一系列新的可持续航空燃料制备工艺，如2006年美国申请人 Bradin David 和英国石油公司（British Petroleum，BP）针对脂肪酸加氢合成可持续航空燃料工艺进行了专利布局，分别申请专利 US20080229654A1 和 EP1911734A1。2007年，美国北卡罗来纳州立大学发现脂类生物质原料可通过催化水解方法合成燃料，申请专利 EP2097496B1；同年美国 Wisconsin Alumni Research Foundation 发明了呋喃衍生物化合物与另一羟基化合物进行自羟醛缩合反应或交叉羟醛缩合反应制备烷烃喷气燃料工艺，申请专利 US20090124839A1。2013年，意大利 Biochemtex S. P. A. 发明了转换木质素原料流向酚油以合成航空燃油等可持续航空燃料关键技术制造新工艺，申请专利 WO2014063852A1。

第二个发展阶段是2013年以后，经过发展期，由于无后续政策刺激，可持续航空燃料关键技术制造新工艺进入了饱和期，呈下降趋势。2016年10月国际民航组织第39届大会通过了国际航空碳抵消和减排计划，形成了第一个全球性行业减排市场机制，从而使可持续航空燃料关键技术制造新工艺的申请量在2018年呈小幅上升趋势。

由图4－2－2所示的可持续航空燃料关键技术制造新工艺各工艺分支的逐年申请量趋势可知，目前可持续航空燃料关键技术制备工艺主要由油制喷气燃料技术、气化－FT合成技术、醇制喷气燃料技术、基于热解和加压液化的技术、生物发酵技术、纤维素类生物解聚及碳链加长技术和 RCF 技术组成。在2013年以前的发展期过程中仍以醇制喷气燃料技术和油制喷气燃料技术传统合成工艺为主，近期则以纤维素类生物解聚及碳链加长技术和 RCF 技术作为新兴研发热点。

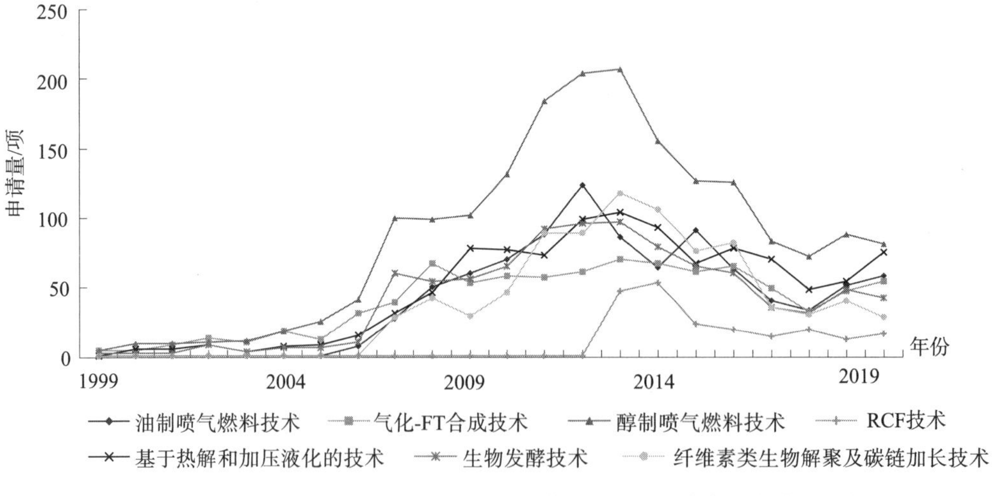

图4－2－2　可持续航空燃料关键技术制造工艺分支全球专利申请量趋势

4.2.1.2　全球专利布局区域分析

本节对可持续航空燃料关键技术制造工艺在全球的专利布局进行分析，研究全球目标市场及技术的流向。

图4－2－3显示了可持续航空燃料关键技术制造工艺全球专利目标市场占比的情况。

由图中可以看出美国是最大的目标市场，以3003件公开专利申请量居于首位，占比34%；其次是中国，公开专利申请量为1761件，占比20%。排名前五位的国家或地区，除了美国，均在亚洲。中国是可持续航空燃料关键技术制造工艺产业链中的消费大国，仅次于美国，市场活跃度高。由于欧美国家为可持续航空燃料关键技术制造工艺的技术来源国，市场饱和度高，因此，亚洲将作为可持续航空燃料关键技术制造工艺的重点市场。

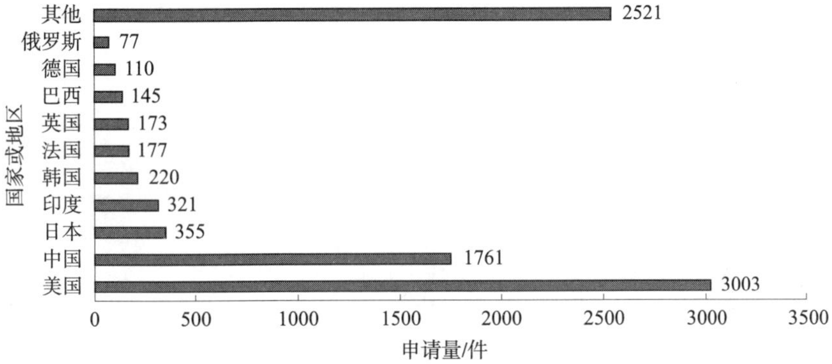

图4-2-3 可持续航空燃料关键技术制造工艺全球专利目标市场占比情况

4.2.1.3 全球专利技术流向分析

图4-2-4显示了可持续航空燃料关键技术制造工艺专利主要申请国家本国申请量及对外进行技术输出的情况。美国是可持续航空燃料关键技术制造工艺专利申请量第一大国，该国申请在国内和国外布局最多，均在1000件以上。而我国作为可持续航空燃料关键技术制造工艺专利申请量第二的国家，国外输出占比却非常低。这一方面反映了我国创新主体在海外的知识产权保护意识和保护力度亟须加强；另一方面也反映了我国相关专利申请的质量与美国仍存在差距，在核心技术研发、抢占技术制高点的道路上还有很长的路要走。相比之下，其他申请量较多的国家，如日本、英国、德国和法国同样非常重视专利申请的海外布局，其中德国和法国在海外的专利申请量均高于本国专利申请量——这样的现状主要是由西方国家技术发源早、技术较为成熟且重视拓展海外市场造成的。

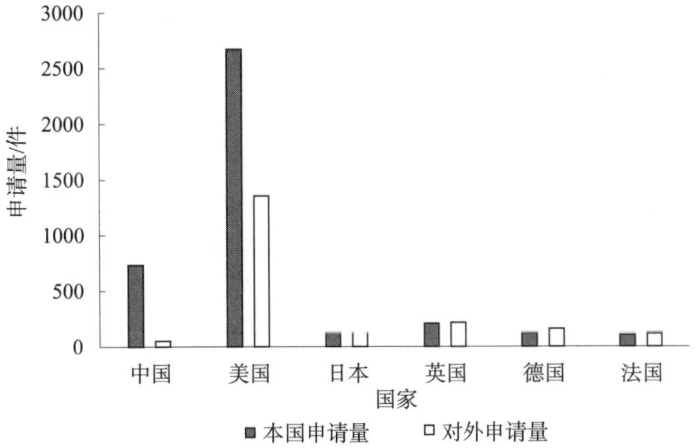

图4-2-4 可持续航空燃料关键技术制造工艺专利主要申请国家本国申请量及对外专利技术输出量

4.2.1.4 全球专利主要申请主体分析

图4-2-5显示了可持续航空燃料关键技术制造工艺2015~2020年全球专利申请量排名前五位的申请人国别，主要来自美国、中国、荷兰、法国和英国。从图中可以看出，美国是可持续航空燃料关键技术制造工艺的主要申请国。近几年由于新冠疫情影响，全球相关领域国家的专利申请数量都在减少；同时也是因为有效的疫情控制措施，我国在疫情期间的申请趋势实现了逆增长，2020年专利申请量反超美国，成为第一申请主体。

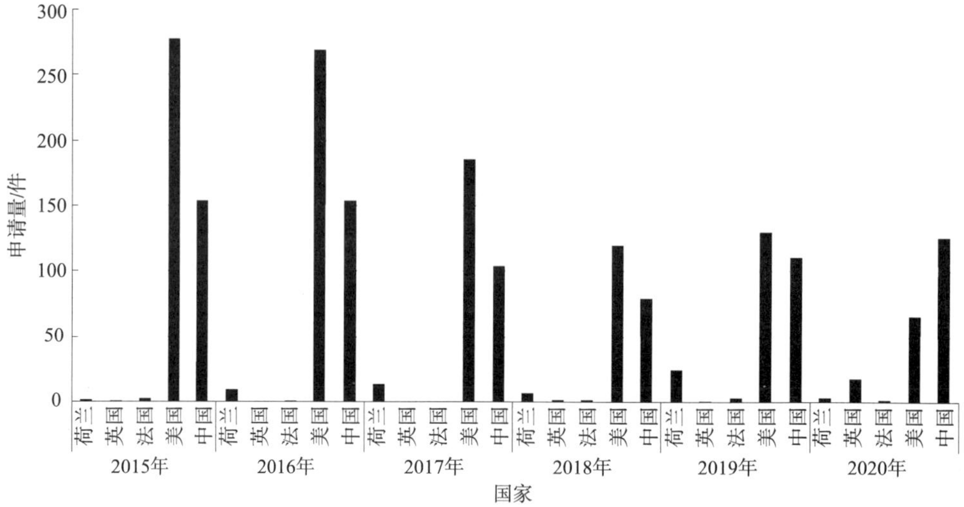

图4-2-5 可持续航空燃料关键技术制造工艺2015~2020年全球专利申请量排名前五位的申请人国别

图4-2-6显示了可持续航空燃料关键技术制造工艺全球专利申请量排名前十位的申请人，主要来自美国、芬兰、中国和荷兰。从全球主要申请人的国别构成来看，申请人国别主要集中在美国，占据6个，比例占到了60%；中国申请人占2个；荷兰和芬兰申请人各占1个；形成了美国遥遥领先的专利申请格局。其中荷兰的壳牌公司以233项专利申请位居第一，中国石化和美国的埃克森美孚分别以119项和112项位列第二和第三。由于航空燃料制造产业化水平较高，因此申请人类型偏向大型企业，排名前十位的申请人中也仅有中科院所一家研究所类型申请人，其他申请人均为企业类型申请人。

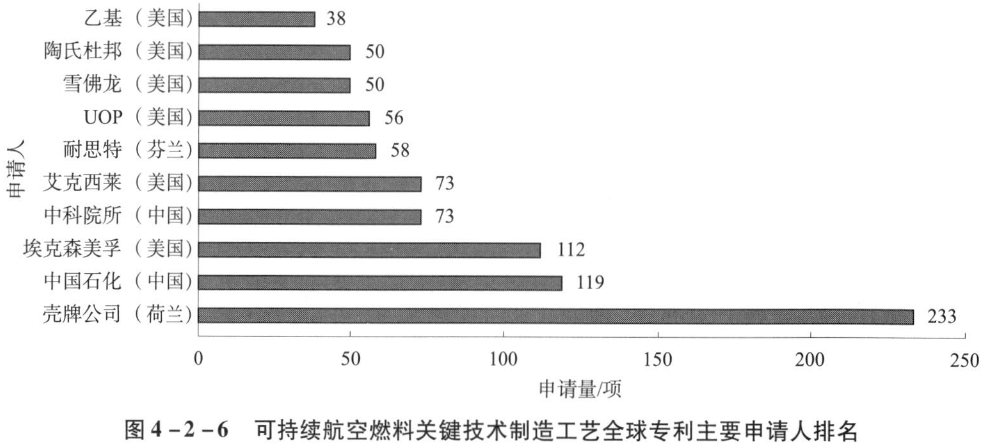

图4-2-6 可持续航空燃料关键技术制造工艺全球专利主要申请人排名

从美国申请人的构成来看，目前在该技术领域的研发和专利布局走在世界前列的是以埃克森美孚、艾克西莱和 UOP 组成的企业团体作为专利布局类型，而我国则以中国石化和中科院所结合的产学研模式进行合作。

4.2.1.5　全球专利不同技术分支及其主要国家分布分析

图 4－2－7（见文前彩色插图第 1 页）显示了可持续航空燃料关键技术制造工艺分支全球专利布局情况，可以看出醇制喷气燃料技术、油制喷气燃料技术中的酯类或脂肪酸加氢工艺和热解技术是目前专利布局最多的技术分支。

通过对专利申请地域构成的分析，可以了解全球相关专利不同技术分支主要国家分布情况，如图 4－2－8（见文前彩色插图第 2 页）所示。图中显示了醇制喷气燃料技术的主要申请国为美国和印度，其中美国的专利申请体量大，达 1063 项；油制喷气燃料技术的主要申请国为美国和中国，其中美国申请量为 394 项，中国申请量为 158 项；基于热解和加压液化技术的主要申请国为美国和中国，其中美国申请量为 389 项，中国申请量为 336 项。经分析可知，美国在主要工艺分支仍占据主导地位，中国除基于热解和加压液化技术外，其他工艺分支与美国相比仍有一定差距。

4.2.2　中国专利态势分析

4.2.2.1　中国专利申请趋势分析

图 4－2－9 显示了可持续航空燃料关键技术制造工艺相关国家专利申请趋势，对比了中国与美国、英国、法国的申请量趋势。1997 年以前，相关专利申请仅布局在欧美国家。1997 年壳牌公司首次针对采用植物油为原料合成喷气燃料的相关工艺在中国进行了专利申请。随着 2005 年 2 月 28 日第十届全国人民代表大会常务委员会第十四次会议通过了《可再生能源法》，我国政府在“十一五”期间将生物质能产业作为一项战略性新兴产业来进行扶持，由此进入中国生物质能源专利申请量急剧增长的阶段。由于我国近几年新冠疫情防控措施得力，因此在近几年的专利申请量实现逆势增长，在 2020 年反超其他欧美国家，成为专利申请量第一的国家，达到了申请量 91 项。

图 4－2－9　相关国家可持续航空燃料关键技术制造工艺专利申请趋势

注：1997 年之前，中国无申请，图中未列出。

4.2.2.2 中国专利申请技术来源分析

图4－2－10显示了可持续航空燃料关键技术制造工艺在中国专利申请的技术来源国情况。在中国的可持续航空燃料关键技术制造工艺专利技术来源国主要为中国、美国、荷兰等。在上述主要技术来源国中，中国申请人为主要技术来源，专利申请量达到663项，占58%；荷兰是最早在中国布局的国家，专利申请量共96项，占8%；虽然美国在中国的申请专利时间较荷兰稍晚，但申请量更多，达到253项，占22%。

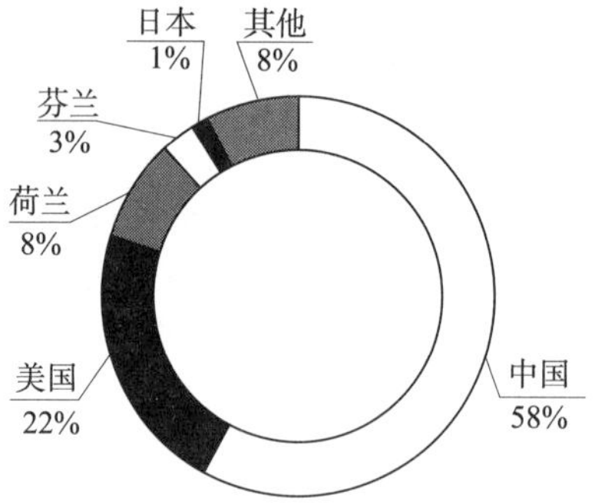

图4－2－10 可持续航空燃料关键技术制造工艺中国专利申请技术来源国

4.2.2.3 中国专利主要省份分布分析

图4－2－11显示了可持续航空燃料关键技术制造工艺专利申请在中国境内的主要省份分布情况。由图可知，北京申请量遥遥领先，共169件，相较于排名第二位的辽宁，申请量多出1.3倍。江苏和山东申请量分别排名第三、第四位，相较于其他省份，二者申请量仍较高，均在45件以上。该领域专利申请主要集中在北方地区和江苏地区，并且这些地区主要有中国石化等大型企业和相关领域科研院所的分布。可见，大型企业和科研院所密集区域对于研发可持续航空燃料关键技术制造工艺具有一定的优势。

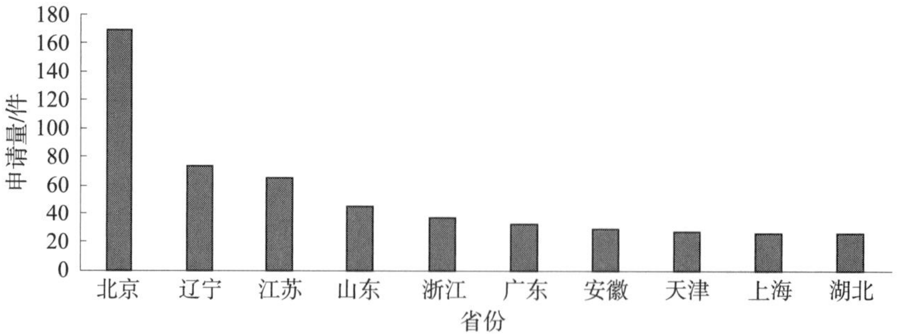

图4－2－11 可持续航空燃料关键技术制造工艺中国专利申请主要省份排名

4.2.2.4 中国专利主要申请人分析

图4－2－12显示了可持续航空燃料关键技术制造工艺在中国的专利申请人排名。前十名申请人包括国内企业、高校和科研院所以及国外企业。国内企业为中国石化及其下属研究院的相关研究所。高校和科研院所包括中科院所、武汉凯迪工程技术研究总院有限公司以及浙江大学、华东理工大学、北京航空航天大学、天津大学、南开大学，

其中，浙江大学、华东理工大学、北京航空航天大学、天津大学、南开大学是我国燃料合成优势学科高校，武汉凯迪工程技术研究总院有限公司是以国家级生物质产业基地、国家级企业技术中心、国家优秀高新技术企业、国家引智示范基地和博士后工作站等平台为支撑，拥有综合实验室、中试基地和工程研究所的技术转化单位。国外企业在申请人排名前十位中占了两位，其中的壳牌公司是目前最早在中国布局相关专利的企业。

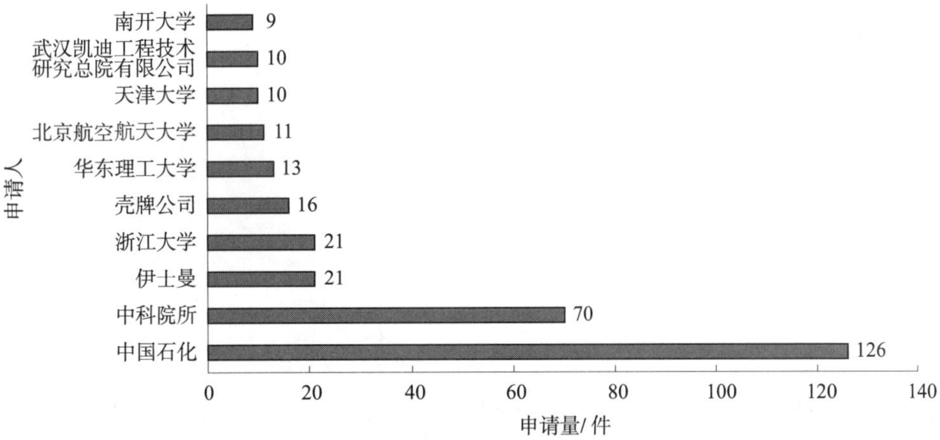

图4-2-12 可持续航空燃料关键技术制造工艺中国专利主要申请人排名

4.2.2.5 中美专利有效性分析

图4-2-13显示了可持续航空燃料关键技术制造工艺的中美专利有效性。专利有效状况能直接反映一个国家、地区或申请人的自主创新能力和市场竞争力。目前我国可持续航空燃料关键技术制造工艺在审专利申请229项（占比19.00%）、失效专利/申请484项（占比40.17%）、有效专利492项（占比40.83%）；美国相关在审专利申请110项（占比5.47%）、失效专利/申请922项（占比45.87%）、有效专利978项（占比48.66%）。可见，美国的专利有效性占比较高，专利质量较高，应用价值较高；中国在该领域的专利价值与美国相比仍有一定的差距。

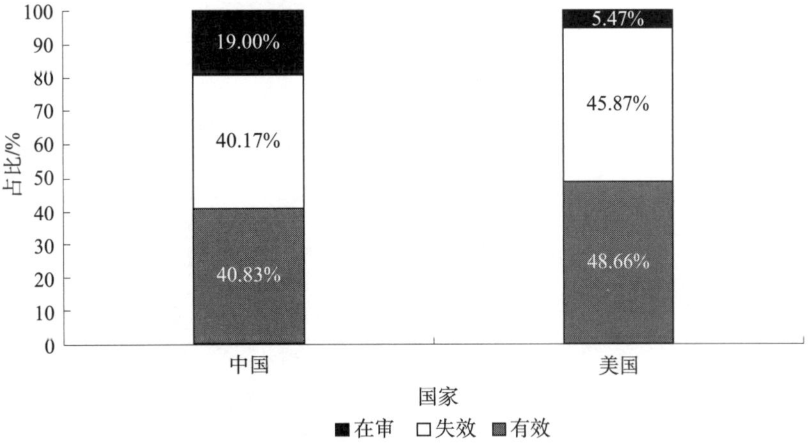

图4-2-13 可持续航空燃料关键技术制造工艺中美专利有效性

4.2.2.6 中国专利主要技术分支地区分布分析

图4－2－14显示了可持续航空燃料关键技术制造工艺中国专利主要技术分支地区分布情况。醇制喷气燃料技术的主要申请省份为北京，专利申请量达32项；油制喷气燃料技术的主要申请省份为北京，专利申请量达79项；基于热解和加压液化的技术的主要申请省份为北京，专利申请量达49项；纤维素类生物解聚及碳链加长技术的主要申请省份为辽宁，专利申请量达33项；气化－FT的主要申请省份为北京，专利申请量达32项。由此可知，北京为主要技术分支的聚集区域，辽宁为纤维素类生物解聚及碳链加长技术的优势区域。

图4－2－14 可持续航空燃料关键技术制造工艺中国专利主要技术分支地区分布

注：线条粗细表示申请量多少。

第5章　可持续航空生物燃料标准相关专利分析

5.1　标准概述

2009年，美国起草了ASTM D7566，该标准对合成航空生物燃料的组成与性能进行了规范，经过多次调整，截至2022年，最新版本为ASTM D7566－22。该标准规范明确说明其主要覆盖范围包括含有合成烃与传统燃料相混合组分的航空涡轮燃料，规范中对不同生产工艺制备得到的合成烃燃料性能进行了规定。截至目前，该标准涵盖七种生产工艺制备的合成烃燃料，如表5－1－1所示。

表5－1－1　ASTM D7566规定的生产工艺路线

工艺路线	技术路线	工艺原料	批准年份
A1	费托法合成油改质工艺 （FT－SPK）	煤、天然气、生物质	2009
A2	酯类和脂肪酸加氢改质工艺 （HEFA－SPK）	生物油、动物脂肪、 再生油	2011
A3	加氢发酵糖合成异构烷烃 （SIP）	用于制糖的生物质	2014
A4	含合成芳烃的费托合成链烷烃 （SPK/A）	煤、天然气、生物质	2015
A5	醇制喷气燃料工艺 （ATJ－SPK）	用于生产糖和淀粉的生物质、 用于生产醇的纤维素	2016
A6	催化加氢热解工艺 （CHJ－SPK）	油脂、润滑油	2020
A7	源于藻类的烃/酯/脂肪酸加氢工艺 （HHC－SPK，HC－HEFA）	藻类	2020

注：由于A1和A4工艺路线均采用费托法，A2和A7工艺路线均为油脂加氢工艺，本课题组将在之后的研究中对其进行技术路线合并。

5.2　标准相关工艺专利分析

5.2.1　各条工艺路线全球专利申请趋势对比

对与ASTM D7566所涉及的七条工艺路线相关的专利申请的申请量进行对比分析

（参见图5－2－1），发现各条技术路线的总体技术发展过程与可持续航空燃料技术的整体发展过程基本一致，均在2000年后呈现快速增长。同时，由于美国于2009年起草了ASTM D7566这一执行标准，其中对合成航空生物燃料的组成与性能进行了规范后，与其相关的各条工艺路线的专利申请于2010年起均呈现爆发式增长。

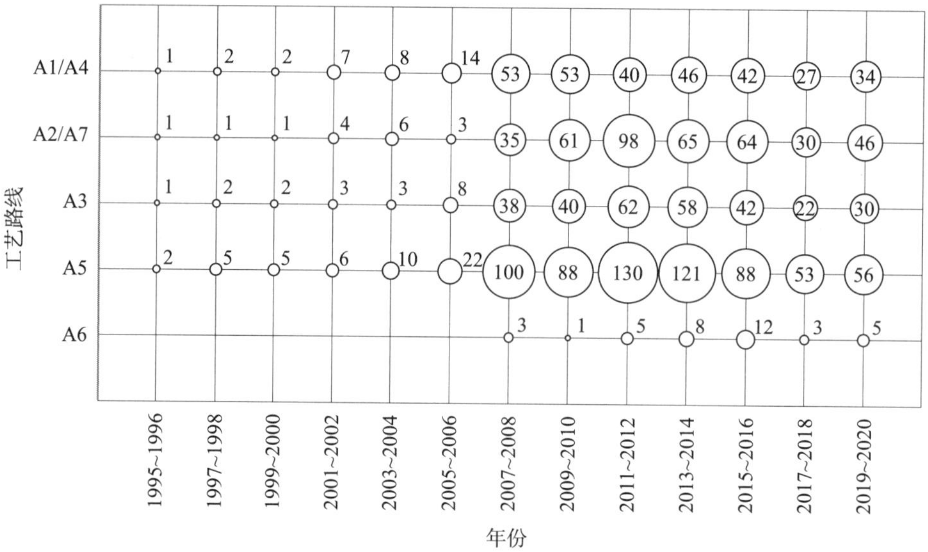

图5－2－1　可持续航空生物燃料领域ASTM D7566标准相关工艺路线全球专利申请量趋势

注：图中数字表示专利申请量，单位为项。

通过对比各条工艺路线发展历程可以看出，与A5（醇制喷气燃料工艺路线）相关的专利申请量始终高于其他路线的专利申请量。相比于其他工艺路线的申请量猛增，A6（催化加氢热解工艺路线）目前仍处于申请数量较低的水平，这可能与该工艺路线在标准中确立时间较晚，技术改进难度较大有一定的关系。

如图5－2－2（见文前彩色插图第2页）所示，通过对比2015~2020年各工艺路线的全球专利申请情况分析发现，虽然受新冠疫情影响，低碳发展有所降低，可持续航空燃料专利申请量总体也有所减缓，但各工艺路线的申请量开始逐渐趋于平均，这说明各工艺路线分支均具有研究和发展的潜力。

5.2.2　各条工艺路线中国专利申请趋势对比

图5－2－3显示了与ASTM D7566所涉及的七条工艺路线相关的专利申请的中国申请量趋势。可以看出，各条工艺路线的中国专利申请量发展过程与全球各条路线基本一致，且高速发展期也出现在2009年之后，但通过对比全球各条路线的申请高峰区域发现，全球的申请高峰期集中于2011~2014年，而中国的申请高峰期集中于2015~2017年，这说明我国在各条工艺路线的专利申请发展相对于全球有所滞后，仍属于跟进状态。

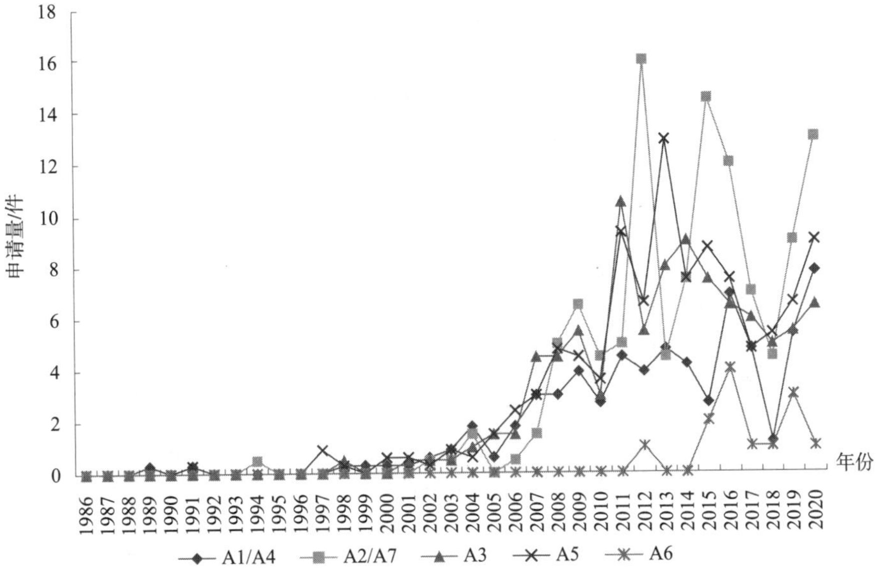

图5-2-3 可持续航空生物燃料领域 ASTM D7566 标准相关工艺路线中国专利申请量趋势

5.2.3 全球专利有效性

图5-2-4显示了可持续航空生物燃料领域 ASTM D7566 标准相关工艺路线全球专利有效性，从中可以看出，各条工艺路线分支中获得专利权的有效专利占比基本在30%~40%，且目前仍有相当数量的专利申请正在审查阶段，这也再次说明标准相关的各条工艺路线分支的研究仍均处于上升期。

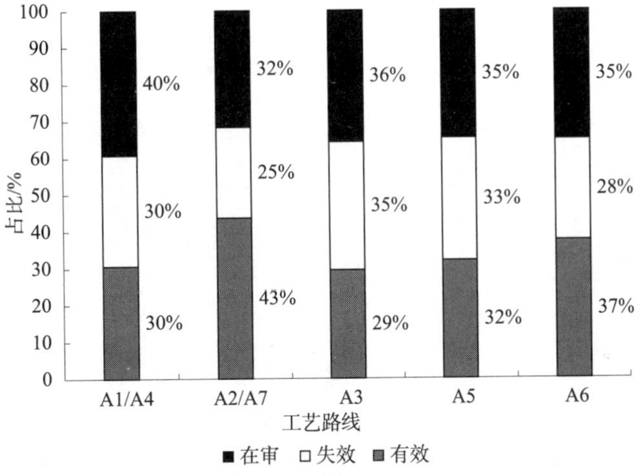

图5-2-4 可持续航空生物燃料领域 ASTM D7566 标准相关工艺路线全球专利有效性

5.2.4 国家或地区分布

5.2.4.1 全球各条工艺路线专利申请情况

图5-2-5显示了标准相关各条工艺路线主要申请国家的申请情况。从图中可以

看出，美国在各条工艺路线分支上申请量均最多，具有优势和主导地位；中国紧随其后；英国、荷兰和日本则位列第三至第五位。虽然中国在各条工艺路线分支的专利申请量均少于美国，但在A6（催化加氢热解工艺路线）分支的申请量上却与美国旗鼓相当，这也说明了我国在该工艺路线上具有一定的研发优势。

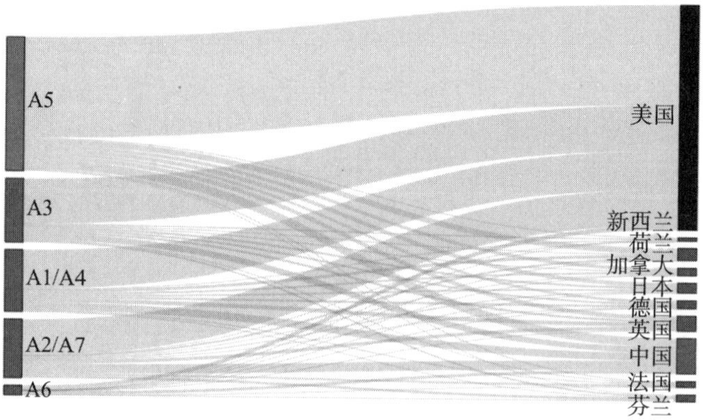

图5-2-5　可持续航空生物燃料领域ASTM D7566标准相关工艺路线全球主要区域专利申请

注：线条粗细表示申请量多少。

5.2.4.2　中国省份各条技术路线专利申请情况

图5-2-6显示了标准相关各工艺路线中国主要省份的申请情况。从图中可以看出，就国内而言，北京在各条工艺路线分支上均申请量最多，这主要源于在可持续航空燃料领域研究最为领先的中国石化，同时，北京的众多高校和科研院所也是主要的申请主体。紧随北京之后的则是江苏、辽宁、天津、山东等省份。另外，国内部分省份对于某一特定工艺路线研究较多，例如江苏，其主要研究方向均是以制糖的生物质为原材料的A3（加氢发酵糖合成异构烷烃工艺路线）和A5（醇制喷气燃料工艺路线）分支，这可能源于当地主要原材料的特点或已有产业及技术路线的依托等。

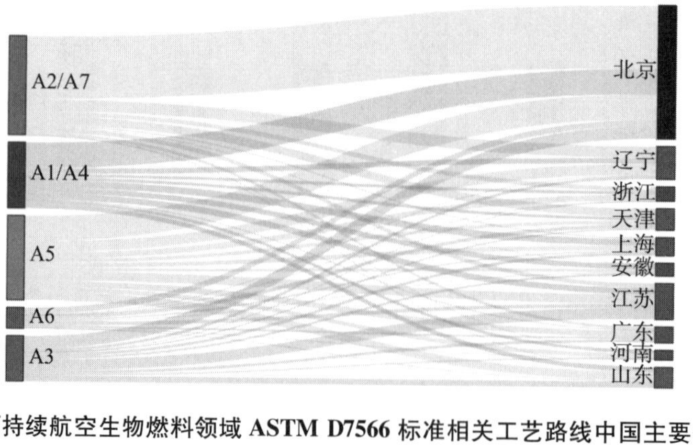

图5-2-6　可持续航空生物燃料领域ASTM D7566标准相关工艺路线中国主要省份专利申请

注：线条粗细表示申请量多少。

5.2.5　标准分支主要专利申请人

5.2.5.1　各条工艺路线全球主要专利申请人

图5－2－7显示了标准相关的各条工艺路线全球主要专利申请人的前五位。从图中可以看出，壳牌公司、埃克森美孚、中国石化、耐思特、艾克西莱、佳沃等多家公司均在不止一条工艺路线上具有专利布局，这也说明了各大企业在研发和改进中并不拘泥于单一技术路线，而是多条路线同时布局，再次证明了可持续航空燃料的发展潜力。同时，中国石化在A2/A7（酯类和脂肪酸加氢改质工艺路线及源于藻类的烃/酯/脂肪酸加氢工艺路线）分支上具有一定优势，专利布局较多。而A3（加氢发酵糖合成异构烷烃工艺路线）和A5（醇制喷气燃料工艺路线）的主要申请人中均未出现我国企业，是我国专利申请人侵权风险较大的两条标准工艺路线。

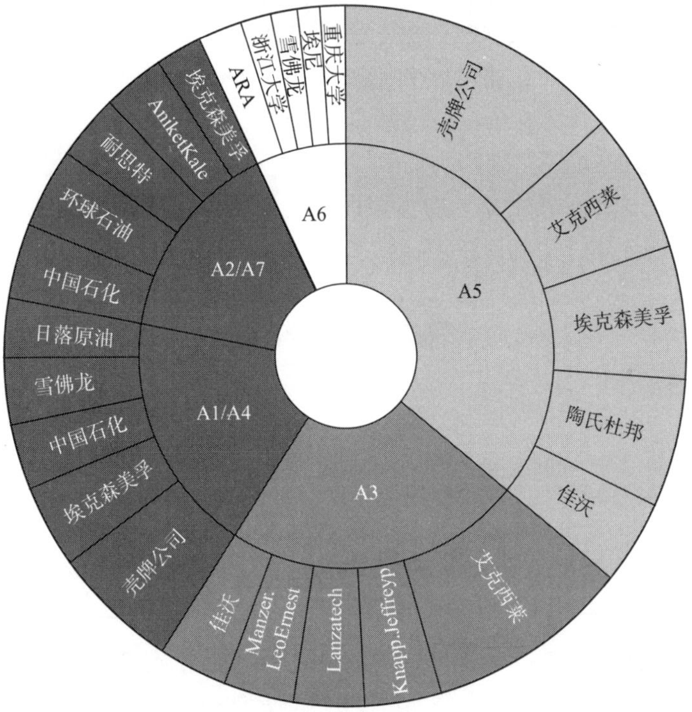

图5－2－7　可持续航空生物燃料领域ASTM D7566标准相关工艺路线全球主要专利申请人

5.2.5.2　各条工艺路线在华主要专利申请人

图5－2－8（见文前彩色插图第3页）显示了标准相关工艺路线在华申请主要专利申请人的前五位。从图中可以看出，中国石化、壳牌公司等依然是主要的专利申请人，特别是中国石化占据了主要地位。同时，相比于全球的情况，国内更多的高校和科研院所成为申请主体，尤其是A6（催化加氢热解工艺路线），前五位申请人中高校占据了四个席位，这说明该工艺路线分支在国内仍处于试验研发阶段，产业化发展需要进一步的推进。

第6章　重点技术专利分析

6.1　酯类或脂肪酸加氢技术专利分析

6.1.1　技术介绍

酯类或脂肪酸加氢技术是指将植物油、动物脂肪、餐饮废油和藻油中的甘油三酯、饱和或不饱和脂肪酸制备生成喷气燃料的工艺过程。该过程一般分为两个阶段，如图6－1－1所示。第一阶段是将不饱和脂肪酸和甘油三酯经过催化加氢转变为饱和脂肪酸，该过程中甘油三酯发生β－氢键断裂得到脂肪酸。饱和脂肪酸通过加氢脱氧和脱羧转化为 C_{15} ~ C_{18} 直链烷烃，副产物是丙烷、水、一氧化碳和二氧化碳；早期该过程的催化剂是负载在分子筛或氧化物上的贵金属，后期由于催化剂中毒失活和出于成本的考虑开始使用过渡金属，比如镍、钼、钴或负载的双金属复合物。

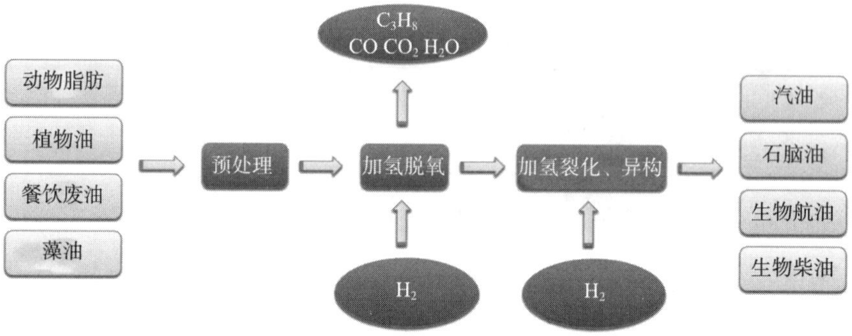

图6－1－1　可持续航空燃料领域酯类或脂肪酸加氢技术流程

第二阶段是裂化和异构反应：脱氧直链烷烃进一步选择性加氢裂化并且深度异构生成混合液体燃料的高支链烷烃。该步骤的一般催化剂是负载在活性炭、氧化铝分子筛上的铂、镍或其他贵金属催化剂。负载在适度酸性沸石上的镍显示出优异的催化性能，然而高酸度催化剂会导致过度裂化，减少异构收率。随后液体燃料通过精馏过程被分离成生物航油、生物柴油、石脑油和汽油。近年来也有研究者使用催化剂实现一步加氢。

通过酯类或脂肪酸加氢技术路线制备的生物柴油，作为高能生物燃料，可以不经过任何掺混直接用于飞机引擎。该燃料具有高热稳定性、优异的冷流性能、高十六烷值增进剂和低尾气排放，同时具有低芳香含量，使其具备低润滑性并减少燃料泄漏问题的发生。

6.1.2　全球专利申请趋势分析

从图6－1－2中可以看出，全球酯类或脂肪酸加氢技术路线有两个阶段的发展期。第一发展期从2006年开始。2006年开始出现关于酯类或脂肪酸加氢的专利申请，经过快速增长，到2009年形成了一个小高峰，当年专利申请量为43项。也是在2009年，美国ASTM协会制定了《含合成烃类的航空涡轮燃料的规格标准》（ASTM D7566－09），且在2009年美国进行了第二代燃料试点项目。2011年油脂两段加氢工艺路线（HEFA－SPK）通过了ASTM D7566－09标准认证；随着该工艺路线获得批准，2012年该路线迎来了研究的最高潮，当年专利申请量为62项。经过第一发展期的发展，该工艺路线基本成熟，研究热度逐年减少。然而，由于中国申请人包括中国石化以及南开大学进驻该领域的研究，该领域迎来了第二发展期。第二发展期从2014年开始，在2015年掀起了该领域研究的一个小高峰，当年的专利申请量为37项。第三代生物燃料藻类的发现为酯类或脂肪酸加氢技术路线的发展迎来了新的契机。2020年，HC－HEFA工艺路线获得批准，当年的专利申请量为30项。由于2021～2022年的一些专利尚未公开，因此，2021～2022年的申请量不作为参考。

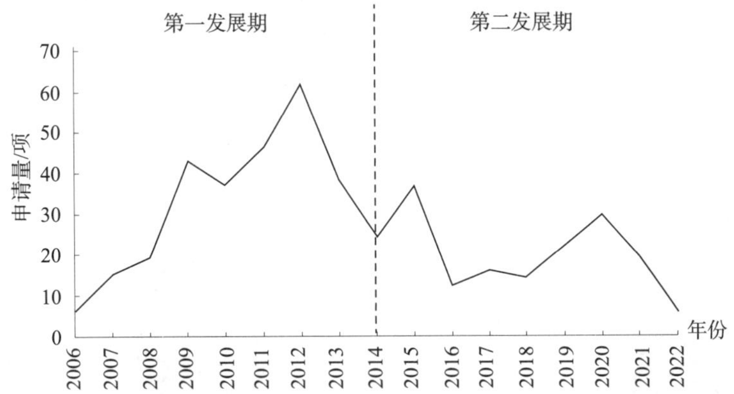

图6－1－2　可持续航空燃料领域酯类或脂肪酸加氢技术全球专利申请趋势

6.1.3　中美专利申请趋势对比分析

通过图6－1－3中美酯类或脂肪酸加氢技术专利申请趋势对比可以看出，美国在2006年提出第一件专利申请，在2009年达到第一高峰，在2012年达到研究的最高峰，随后热度逐年下降，随着第三代生物燃料藻类的发现，其对酯类或脂肪酸加氢技术的研究热度有所回升。而中国在2009年出现第一件专利申请，该申请的申请人是来自美国的埃莱文斯可更新科学公司。中国申请人的第一件专利申请是中国石化在2011年提出的，随后分别在2012年、2015年、2020年达到了阶段性的研究高峰。从研究高峰出现的时间来看，中国一直处于跟跑阶段。另外，美国在研究热度最高时的当年专利申请量是35项，而中国专利申请量最高峰是17项，从这个方面来看，中国也是处于跟跑阶段。

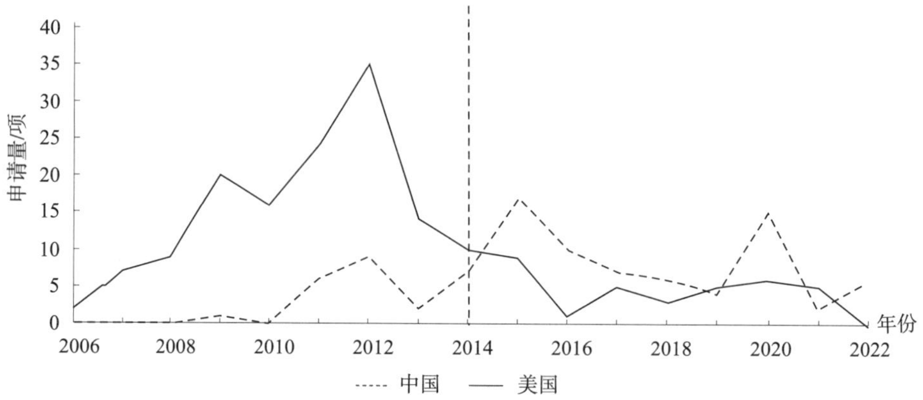

图6-1-3　可持续航空燃料领域酯类或脂肪酸加氢技术中美专利申请趋势对比

6.1.4　中美专利有效性对比分析

图6-1-4显示了酯类或脂肪酸加氢技术中美专利有效性对比分析，从中可以看出，美国的有效专利是中国的接近2倍，说明美国在酯类或脂肪酸加氢市场作了更多的专利布局，而中国有一大部分专利申请处于在审状态，进一步印证了中国加入酯类或脂肪酸加氢技术的市场较晚。此外，从图中可以看出，美国失效专利是相当多的，是中国失效专利的接近4倍，说明美国的一些专利的市场化价值仍有待提高。

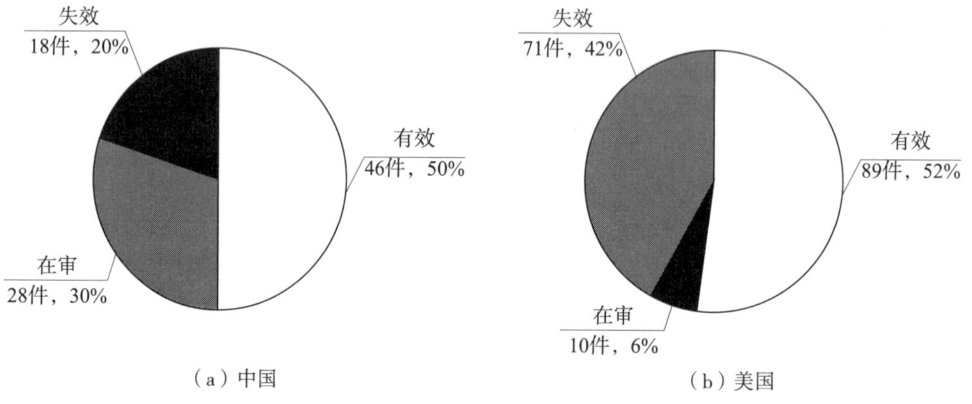

图6-1-4　可持续航空燃料领域酯类或脂肪酸加氢技术中美专利有效性对比

6.1.5　在华专利申请人国别分布

图6-1-5显示了酯类或脂肪酸加氢技术专利在华申请人主要国别分布，从中可以看出，中国申请人排名第一，占到市场份额的92%，其次为美国申请人，占到5%，最后为芬兰申请人，占到3%。这说明中国申请人在酯类或脂肪酸加氢技术这个市场还是有广阔的发展空间的，需要通过政策激励等引导中国人在该市场作出更大的贡献。

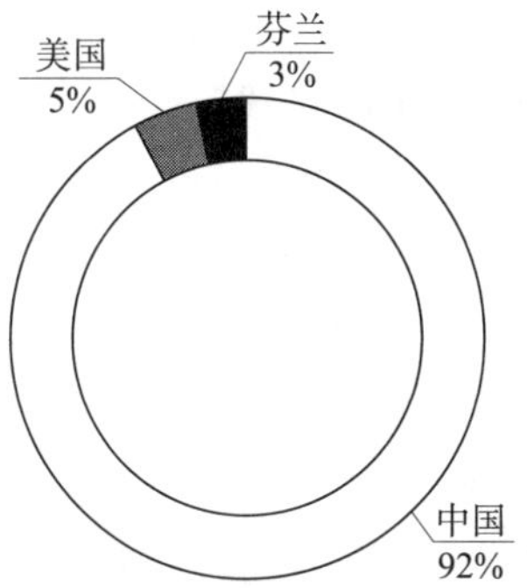

图6－1－5 可持续航空燃料领域酯类或脂肪酸加氢技术专利在华申请人主要国别分布

6.1.6 全球专利主要申请人分析

图6－1－6显示了酯类或脂肪酸加氢技术全球专利主要申请人分析，从中可以看出排名第一的是美国企业UOP。UOP在酯类或脂肪酸加氢技术领域的专利申请总量为66项。该公司始建于1914年，2005年被霍尼韦尔收购，成为霍尼韦尔的全资子公司。

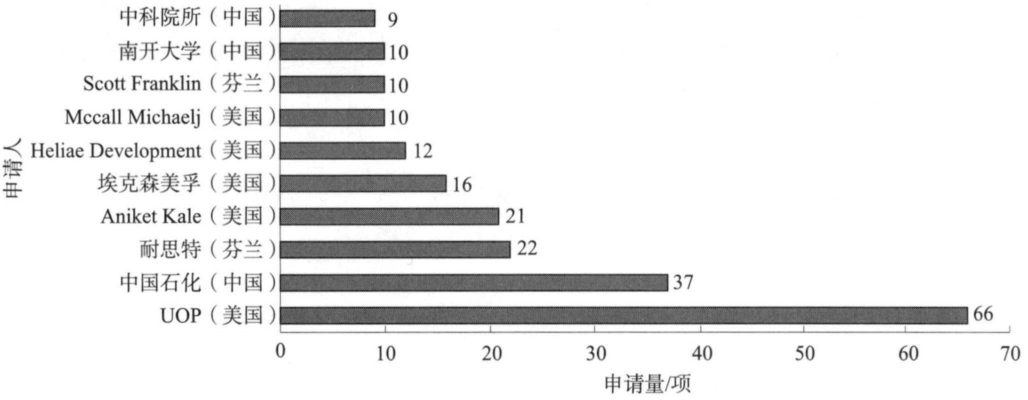

图6－1－6 可持续航空燃料领域酯类或脂肪酸加氢技术全球专利主要申请人排名

中国石化虽然对酯类或脂肪酸加氢技术的研究起步较晚，但总的申请量排名全球第二，专利申请总量为37项。中国石化在2009年启动生物航空燃料的研发工作，2011年提出第一件专利申请，2012年可持续航空燃料装置的生产在镇海炼化开工，2014年取得了我国第一张生物航空燃料的适航证，先后进行过国内航线从上海到北京的商业飞行，国际航线从北京至美国芝加哥的跨洋飞行，使我国成为亚洲第一个、全世界继美国（HEFA）、法国（气化合成）、芬兰（气化合成）之后第四个拥有可持续航空燃料自主研发生产技术的国家。2022年，镇海炼化酯类或脂肪酸加氢技术路线可持续航空燃料产品通过可持续生物材料圆桌会议认证。

全球排名第三的是芬兰最大的国有控股公司耐思特，其2005年4月从母公司富腾（Fortum）集团拆分出来并实现首次公开上市。耐思特通过自己直接采购和并购的方式来持续加强自己的原材料采购能力，从而在全球范围内为位于芬兰、荷兰和新加坡的可再生能源炼油厂提供废物和残渣。

6.1.6.1 UOP专利演进路线

图6－1－7显示了UOP的专利演进路线。2008年12月，UOP提出了第一件专利申请，公开号为CA2709982A1，发明名称为从生物可再生原料生产的航空燃料，同年还申请了US08085624。起初UOP的研究方向是对加氢异构的工艺和催化剂进行改性，通过控制异构条件优化燃料组分和提高收率，其还于2009年3月分别申请了公开号为WO2009151692A2、WO2009117337A2的专利申请，通过研发异构催化剂提高燃料性能，以及公开号为CA2718509A1的专利申请。随后，UOP将关注点转移到了加氢脱氧工艺的改进，于2009年9月申请了公开号为WO2010077395A1的专利，该件专利通过控制加氢脱氧条件提高燃料冷流性能。此后，UOP开始关注异构化后的后处理工艺，于2009年11月申请了公开号为WO2010077476A2的专利，公开了将柴油范围内的烃类产物选择性分离和再循环到异构化和加氢裂化区提高燃料的冷流性能；2013年1月申请了公开号为WO2014003906A1的专利，其使用N－石蜡吸附，增加燃料收率。在研究过程中，UOP发现对原料的要求比较苛刻，同时氢耗较大导致成本较高，因此，为了降低成本，UOP于2014年5月、2015年3月、2015年6月先后申请了US20150344382（其公开了以副产物丙烷等制氢）、US20160289136A1（其公开了通过控制加氢脱氧条件处理富氮原料）、WO2016003964A1（其公开了循环使用氢）。2015年以后，UOP对该领域的研究热度减少，2021年申请了公开号为US20220127537A1、WO2022087618A1的专利，主要涉及重质柴油再裂化成航空煤油，说明该领域的研究已经非常成熟。

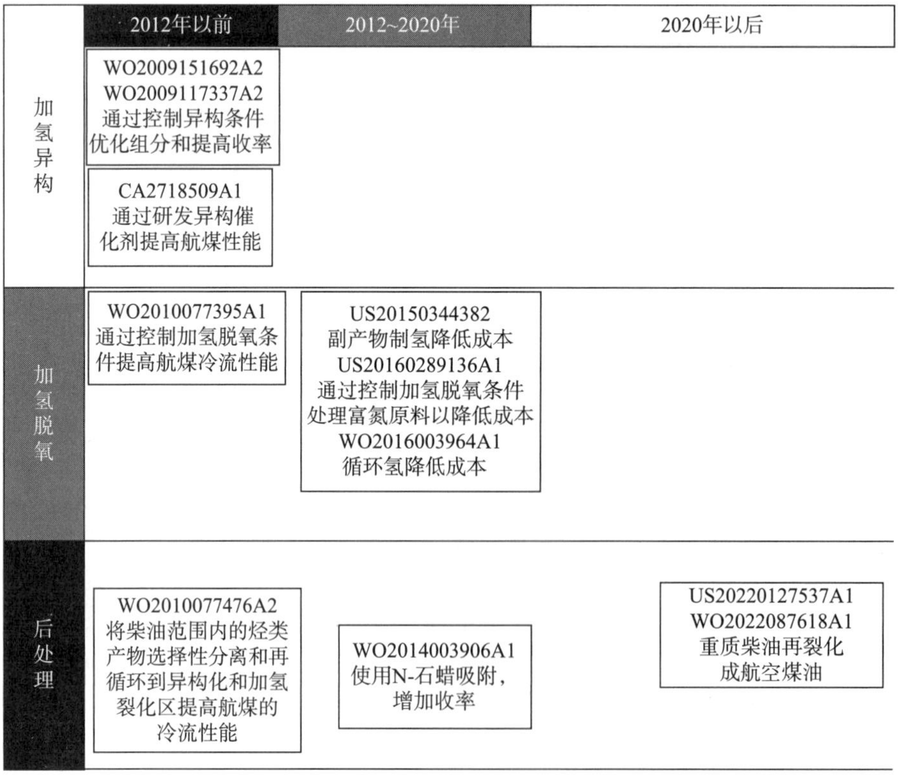

图6－1－7 UOP专利演进路线

6.1.6.2　中国石化专利演进路线

图6－1－8显示了中国石化专利演进路线。2011年10月中国石化提出第一件关于酯类或脂肪酸加氢的专利申请，公开号为CN103059902A。起初中国石化的研究方向主要是异构催化剂和加氢脱氧工艺的改进，分别于2011年10月申请了公开号为CN103059900A的专利，主要涉及通过改进加氢异构的催化剂优化组分；2014年10月申请了公开号为CN105582991A的专利，主要涉及通过改进加氢异构的催化剂提高收率、降低冰点；2011年10月申请了公开号为CN103059901A的专利，通过改进加氢脱氧工艺提高收率、优化组分；2015年5月申请了公开号为CN106281401A的专利，主要涉及在加氢脱氧后增加脱气脱水单元，提高了催化剂寿命。随后，中国石化也把研究的重点放到后处理环节，分别于2011年10月申请了公开号为CN103059930A的专利，主要涉及通过对异构化的产物进行加氢精制提高收率，优化性能；2015年4月申请了公开号为CN106190280A、CN106281402A、CN106190279A、CN106256880A、CN106190286A、CN106281728A、CN106256893A的专利，主要涉及在加氢异构降凝反应区将异构化产物再进行后处理提高收率、降低冰点；2016年6月申请了公开号为CN107488462A的专利，主要涉及降凝反应区催化剂；2017年申请了公开号为CN109666509A的专利，改善整个工艺流程，降低了成本。随后，中国石化在该领域的研究热度下降，2020年10月申请了公开号为CN114479932A的专利，主要涉及在降凝区再处理提高收率、降低成本。

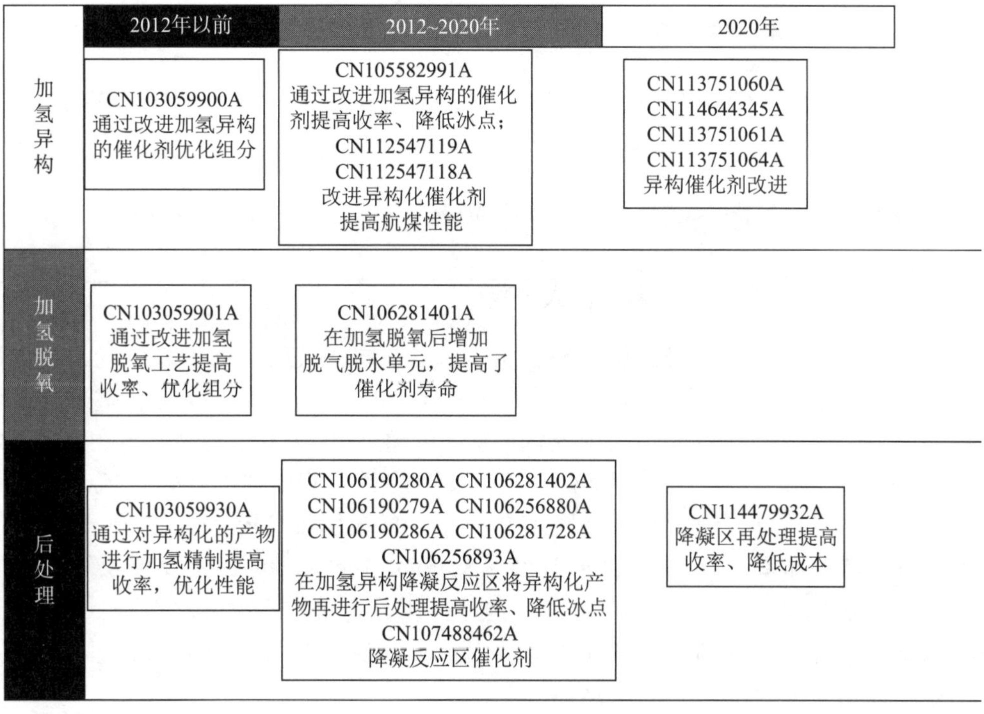

图6－1－8　中国石化专利演进路线

6.1.7 专利主要在华申请人

图6－1－9显示了酯类或脂肪酸加氢技术专利主要在华申请人，从中可以看出，中国石化排名第一，中科院所和南开大学以8件专利申请并列第二，北京航空航天大学以7件专利申请排名第四。

在企业类申请人中，中国石油作为世界500强企业，在生物航油方面的研究并不多，专利量仅为6件。值得关注的是，天津南开大学蓖麻工程科技有限公司专利申请量也是6件——该公司是由南开大学与天津市发展和改革委员会批准成立的省部级研究中心，依托南开大学的科研实力，实现相关技术的转移转化。另一家值得关注的企业是天津蓖能科技有限公司，该公司在酯类或脂肪酸加氢领域的专利申请量是5件。该公司成立于2014年，经营范围包括生物航空燃料技术、生物基精细化工技术等。从重点申请人专利申请总量来看，除了龙头企业中国石化，中国在酯类或脂肪酸加氢领域其他企业单位和高校、科研院所的研发尚需进一步挖掘。

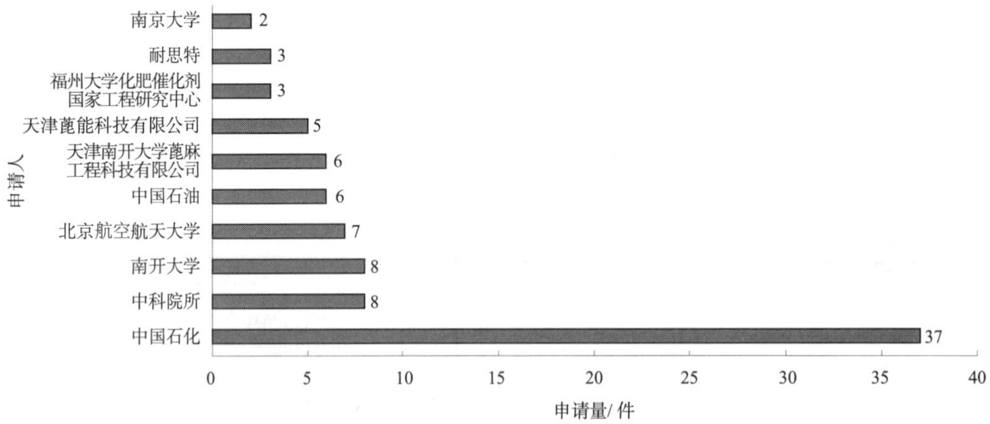

图6－1－9 可持续航空燃料领域酯类或脂肪酸加氢技术专利主要在华申请人排名

6.1.8 专利同族被引证前十名申请人分析

图6－1－10显示了酯类或脂肪酸加氢技术专利同族被引证前十名申请人。从同族被引证总次数看，UOP排名第一，其次为中国石化，埃克森美孚排名第三。值得关注的是，Scott Franklin有2件专利是同族被引证超过161次的，这2件专利的公开号分别是US20100151535A1、US20100170144A1。其中前者目前仍处于有效状态，无诉讼行为发生，稳定性好，该专利及其同族专利在全球被引证239次，在23个国家或地区进行了专利布局，在2017年转让给了Corbion Biotech Inc，主要涉及培养微藻制备得到包含甘油三酯的组合物，随后经加氢工艺制备喷气燃料；后者目前处于失效状态，该专利及其同族专利在全球被引证285次，在23个国家或地区进行了专利布局，主要涉及加氢处理微藻油。

此外，Michael J. McCall有一件公开号为US20090253947的专利在全球被引证177次，次数超过161次。该专利主要涉及从可再生原料生产混合燃料，目前处于失效状态，且曾发生转让，但仅在1个国家或地区申请了专利布局。Michael J. McCall 还有6件专利申请同族被引证次数在101～160次，说明很多公司一直在跟进该申请人的研究。

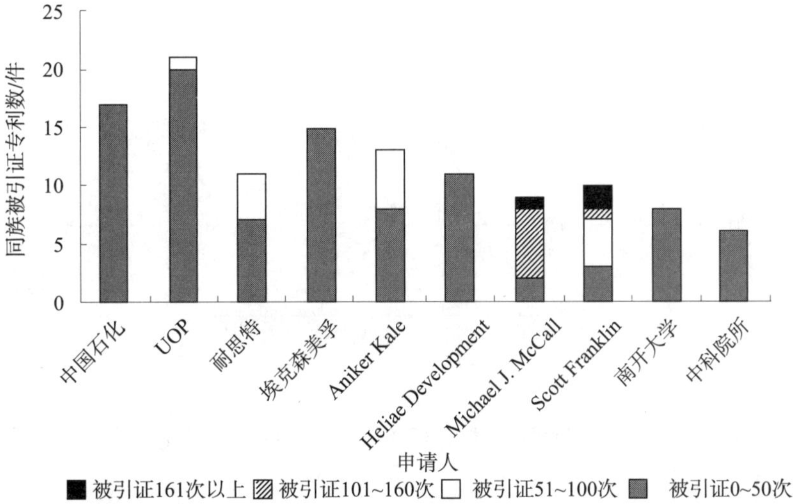

图6－1－10　可持续航空燃料领域酯类或脂肪酸加氢技术专利同族被引证前十名申请人

6.1.9　专利技术功效分析

图6－1－11显示了酯类或脂肪酸加氢专利技术功效，可见关键技术手段有原料、预处理工艺、加氢脱氧催化剂、加氢脱氧工艺、加氢异构催化剂、加氢异构工艺以及后处理；技术效果有提高收率、延长催化剂寿命、提高热值、降低冰点、优化组分和降低成本。从技术效果上看，对提高收率和优化组分方面的研究比较多，对延长催化剂寿命以及降低成本方面关注度比较少；在优化性能方面主要包括提高热值以及降低冰点，即改善可持续航空燃料的燃烧性能和流动性能，而对收率、热值、冰点以及组分影响最大的因素是加氢脱氧工艺、加氢异构工艺以及预处理工艺上的改进。从关键技术手段上看，对原料和后处理工艺的研究较少，其中原料的研究方面主要集中在通过各种生物质原料之间的混合，克服原料的缺点来提高收率、优化产物组分以及降低成本，而在后处理工艺方面主要是通过对异构后的副产物进行再异构等工艺处理以提高可持续航空燃料的收率并优化航空燃料的组分。

6.1.10　专利关键技术手段演变分析

如图6－1－12所示，从时间上看，首先被关注到的是加氢脱氧以及加氢异构工艺的改进，而在该研究热度不减的情况下，有研究人员从加氢脱氧催化剂、加氢异构催化剂和后处理工艺方面对该工艺路线进行优化，随后研究人员又从原料和预处理工艺方面对该工艺路线进行了改进。从目前研究来看，该工艺路线的研究比较成熟，研究热度在逐年下降，这与2011年该工艺路线通过标准认证是相符合的。

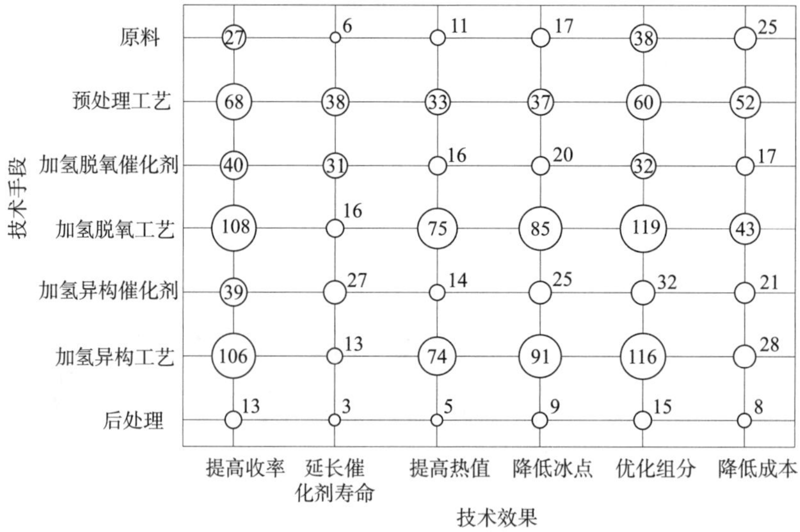

图6-1-11　可持续航空燃料领域酯类或脂肪酸加氢专利技术功效

注：图中数字表示专利申请量，单位为项。

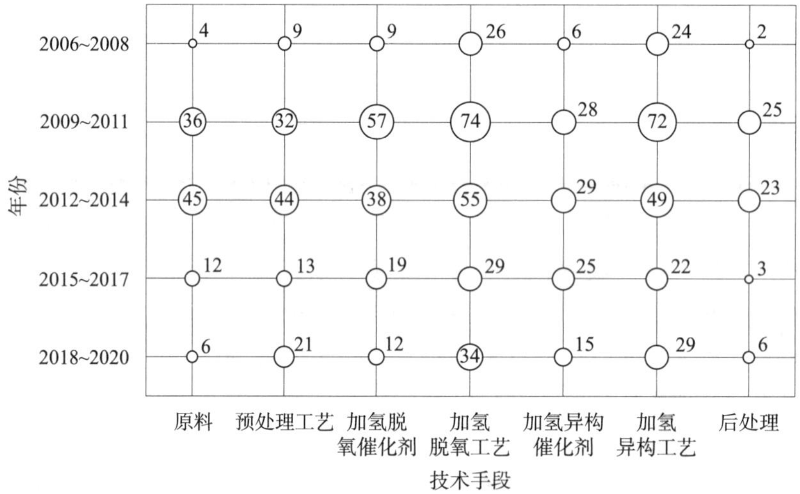

图6-1-12　可持续航空燃料领域酯类或脂肪酸加氢专利关键技术手段演变

注：图中数字表示专利申请量，单位为项。

6.1.11　专利技术演进路线

如图6-1-13所示，2006年，美国申请人Bradin David提出了公开号为US20080229654A1的专利申请，首次采用两段加氢工艺路线将植物油转化为生物航油，随后英国石油公司于2006~2007年提出了公开号为EP1911734A1、EP1911735A1、WO2008040980A1、WO2008040973A1的生物航空燃料专利申请；2007年，美国能源与环境研究中心提出了3件有关可持续航空燃料的专利申请，分别是WO2009025635A1、WO2009025663A1、WO2009008893A1；自此，掀起了可持续航空燃料的研究热潮。

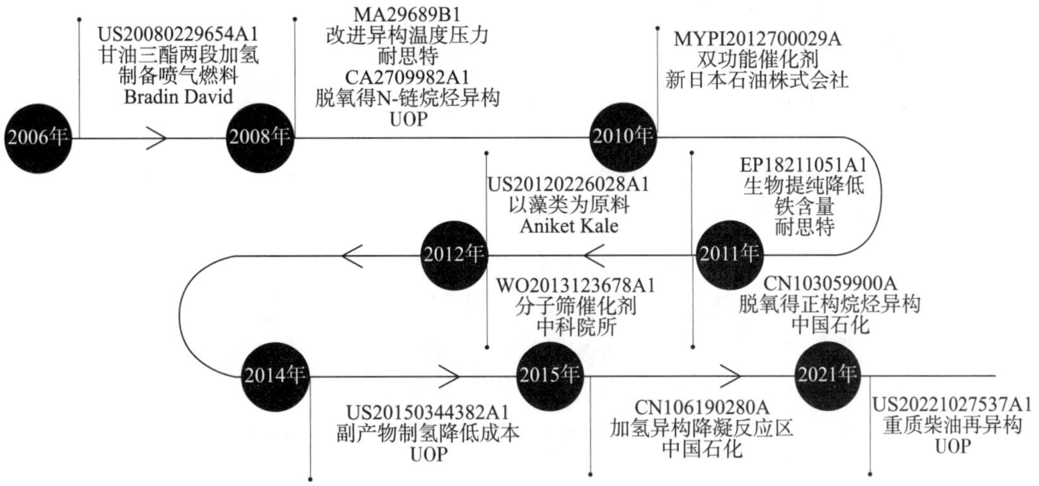

图6-1-13 可持续航空燃料领域酯类或脂肪酸加氢专利技术演进路线

研究初始，对加氢脱氧工艺和加氢异构工艺的改进最多。芬兰的耐思特是在2008年开始酯类或脂肪酸加氢制备可持续航空燃料的研究的，其申请的公开号为MA29689B1的专利通过改进异构温度压力来提高产品收率。UOP也是在2008年开始了可持续航空燃料的研究，申请了公开号为CA2709982A1的专利，通过脱氧得到N-链烷烃异构制备可持续航空燃料。

与此同时，对加氢脱氧、异构催化剂工艺的研究也与日俱增。2011年，日本企业新日本石油株式会社（Nippon Oil Corporation）申请了公开号为MYPI2012700029A的专利，涉及用于可持续航空燃料的双功能催化剂。日本虽然进驻该领域的研究较早，但到目前并未实现工业化生产。

从2011年开始，该领域得到了广泛研究。从预处理工艺上，耐思特申请了公开号为EP3517591A1的专利，其公开了通过生物油提纯降低铁含量以降低成本。同年，中国石化开始进行了专利布局，申请了第一件与可持续航空燃料相关的专利，公开号为CN103059900A，其公开了脱氧得到正构烷烃、正构烷烃异构化制备可持续航空燃料。

2012年，美国的Aniket Kale公司申请了公开号为US20120226028A1的专利，掀起了以藻类为原料制备可持续航空燃料的热潮。值得注意的是，中科院所申请了公开号为WO2013123678A1的专利，其公开了一种分子筛催化剂。

2014年以后，该领域的研究主要为如何降低成本以及提高收率。2014年UOP申请了公开号为US20150344382A1的专利，其通过副产物制氢来降低成本。2015年中国石化申请了公开号为CN106190280A的专利，其公开了建立加氢异构降凝反应区来提高收率，优化性能。2021年UOP申请了公开号为US20220127537A1的专利，其公开了对重质柴油再异构来提高收率、优化性能。从技术路线分析可以看出，美国UOP和芬兰耐思特一直是这个领域的引领者。

整体来看，酯类或脂肪酸加氢领域得到中外企业和高校、科研院所对全流程工艺步骤的研究，相对比较成熟。对于起步较晚的企业而言，在规避侵权风险的基础上，参考比较成熟的工艺，在这个领域均能作出一定的贡献。

6.1.12 酯类或脂肪酸加氢脱氧催化剂专利技术功效分析

图6－1－14显示了酯类或脂肪酸加氢脱氧催化剂的专利技术功效。加氢脱氧催化剂主要是使用非均相催化剂。非均相催化剂包含了载体和活性组分，活性组分分为贵金属和过渡金属两类。此外，催化剂的制备方法影响着催化剂的结构，进而影响其催化性能。因此，对载体、贵金属、过渡金属以及催化剂的制备方法作了进一步的功效分析，从图6－1－14中可以看出，载体和过渡金属的选择对技术效果影响最大，包括对收率、催化剂寿命以及组分分布都有着重要的影响。

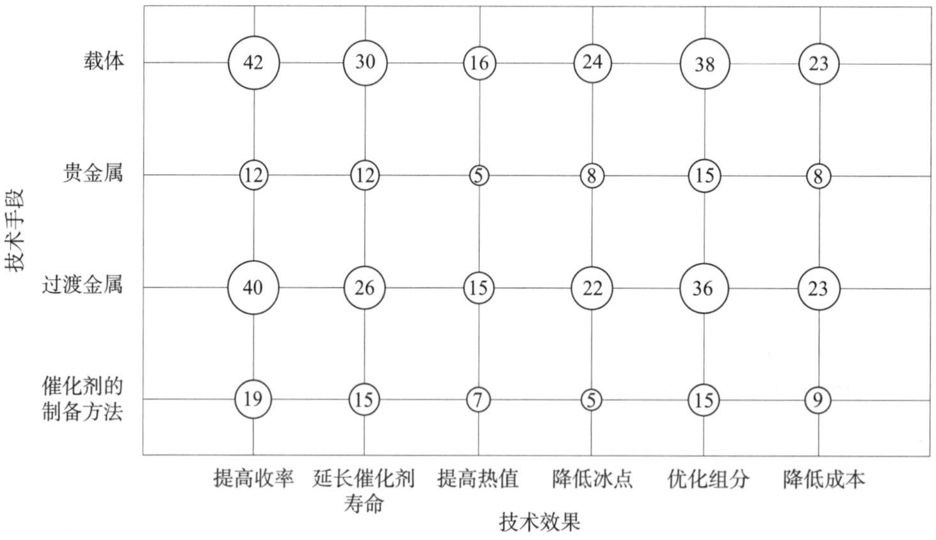

图6－1－14 可持续航空燃料领域酯类或脂肪酸加氢脱氧催化剂专利技术功效

注：图中数字表示专利申请量，单位为项。

如图6－1－15所示，进一步对酯类或脂肪酸加氢异构催化剂进行专利技术功效分析，加氢异构催化剂通常使用的也是非均相催化剂，包括载体和活性组分，活性组分通常使用贵金属和过渡金属，且制备方法对产品的结构有影响并最终影响催化剂的性能。异构催化剂中对效果影响最大的因素也是载体和过渡金属，其对收率、催化剂寿命以及组分分布有重要影响。

如图6－1－16所示，进一步对载体专利进行分析，加氢催化剂载体的种类主要有分子筛、无机氧化物、分子筛和无机氧化物构成的复合载体以及介孔炭。由于载体的制备方法对载体的结构和性能有影响，也有很多科研工作者致力于载体制备方法的研究。通过分析发现，研究者们对分子筛的研究最多。分子筛具有独特的规整晶体结构，其中，每一类都具有一定尺寸、形状的孔道结构，并具有较大的比表面积，是加氢催化剂的主流载体。研究者们研究第二多的是无机氧化物载体，包括二氧化硅、氧化铝等。

如图6－1－17所示，对活性组分专利进行分析，加氢催化剂的活性组分主要包括过渡金属和贵金属，其中过渡金属包括钼、钴、镍、铁等，贵金属包含钯、钌、铂、银、铱等。通过分析发现镍钴/钼钨组合是常用的加氢催化剂活性组分。

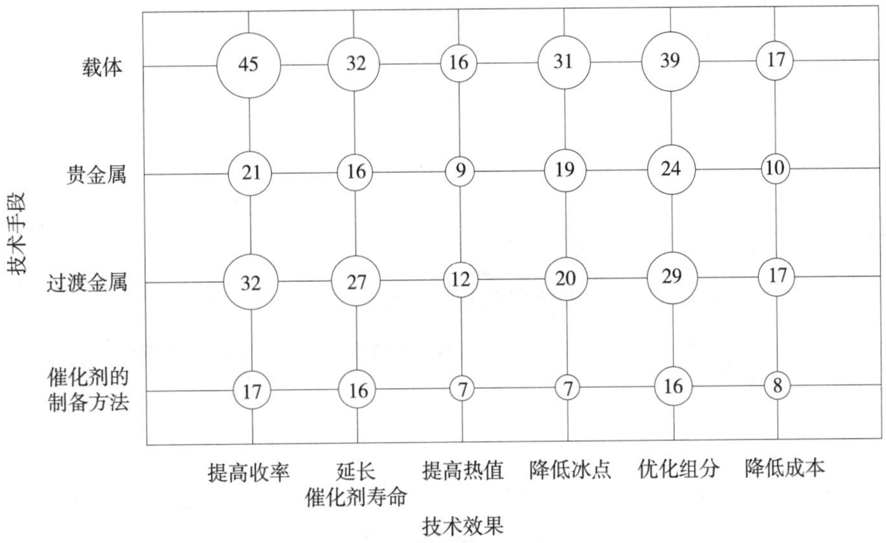

图6-1-15 可持续航空燃料领域酯类或脂肪酸加氢异构催化剂专利技术功效

注：图中数字表示专利申请量，单位为项。

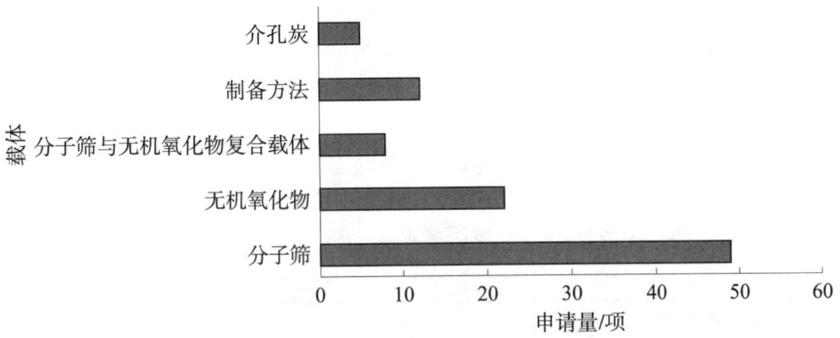

图6-1-16 可持续航空燃料领域酯类或脂肪酸加氢催化剂载体专利

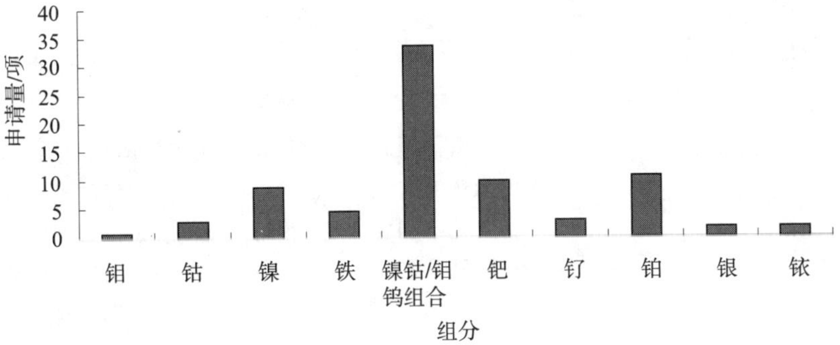

图6-1-17 可持续航空燃料领域酯类或脂肪酸加氢催化剂活性组分专利

图6－1－18显示了酯类或脂肪酸加氢催化剂主要专利申请人分析。通过分析发现，排名前十位的申请人中，中国申请人在酯类或脂肪酸加氢催化剂方向的研究占据一半以上。其中，中国石化致力于在酯类或脂肪酸加氢催化剂方向进行研究，以13项专利申请占据第一位，其次是南开大学，且南开大学和天津南开大学蓖麻工程科技公司通过产学研合作的方式进行了科技成果的转化，为我国产学研合作的发展树立了很好的榜样。

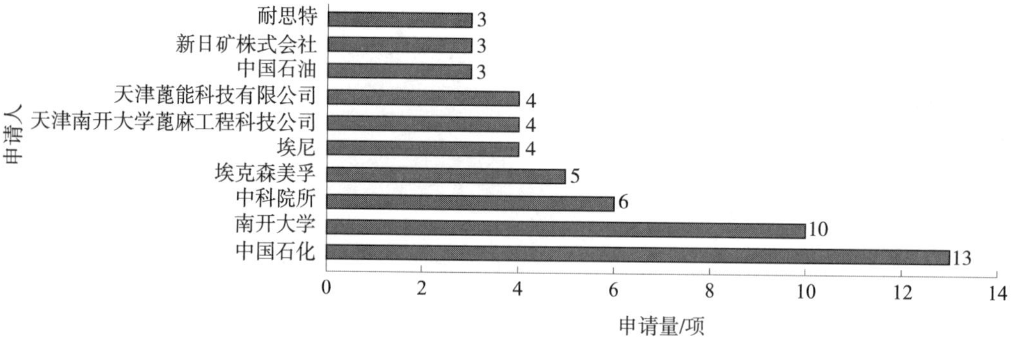

图6－1－18　可持续航空燃料领域酯类或脂肪酸加氢催化剂主要专利申请人排名

研究过程中梳理了风险专利5项，具体参见表6－1－1，其中风险专利主要是指国外申请人在国内已经授权并且没有失效的专利，可参考专利为合享价值度和同族专利数比较多的主要申请人的专利，热点专利为近三年主要申请人的专利。我国科研工作者应该规避风险专利，可以借鉴可参考专利，并关注热点专利，为科研工作服务。通过阅览近三年热点专利的研究内容发现，主要的研究热点在于对原料进行预处理、改进加氢的工艺以及进行高活性催化剂的开发。

表6－1－1　风险专利

公开（公告）号	申请人	申请日	发明名称	技术要点	布局国家或地区
CN109462988B	REG合成燃料有限责任公司	2017－05－10	生物可再生的煤油、喷气燃料、喷气燃料调和料和制造方法	所述组合物可以通过包含对包括棕榈仁油、椰子油、巴巴苏油、微生物油或藻油中的至少一种的生物可再生原料进行氢化处理的方法来生产	US/EP/CN
CN103827270B	UOP	2015－08－05	使用氢化裂解由天然油共制备烷基苯和生物燃料的方法	使天然油脱氧以形成烷烃的步骤。使烷烃的第一部分氢化裂解以形成正和轻度支化 C_9 ~ C_{14} 烷烃的第一料流和异烷烃的第二料流，使第一料流脱氢以得到单烯烃。随后，在烷基化条件下用单烯烃使苯烷基化以得到包含烷基苯和苯的烷基化流出物	US/CN/WO

续表

公开（公告）号	申请人	申请日	发明名称	技术要点	布局国家或地区
CN102027096B	UOP	2015－01－28	由可再生原料控制生产运输燃料	为了形成满足所需产物规格和收率的链烷烃混合物，确定必要的异构化和选择性加氢裂化区条件。确定必要的分馏区条件以分离期望的产物。将可再生原料通过氢化和脱氧进行处理以提供包含链烷烃的流出物，在预定条件下将至少一部分链烷烃异构化和选择性氢化，并在预定分馏条件下通过分馏进行分离，由此产生柴油范围烃产物和航空范围烃产物	US/CN
CN103261375B	埃克森美孚	2011－11－30	具有含氧化合物和水稳定性的转化催化剂和方法	利用沸石基催化剂，所述沸石基催化剂任选但优选含有至少一种活性金属组分和诸如二氧化钛的水热稳定的黏结剂	US/CN/EP/JP/SG/WO
CN113302174B	耐思特	2019－12－17	用于生产可再生产品的方法	本发明涉及一种用于由生物来源原料生产可再生酮、石蜡、基油组分和烯烃的方法，其中该方法包括使脂肪酸和一元醇的酯酮化，其中醇具有2或更多的碳链长度	WO／CN

6.2 催化加氢热解工艺专利分析

6.2.1 工艺路线介绍

如图6－2－1所示，催化加氢热解工艺，又名水热液化，该工艺中将废油净化后得到的洁净游离脂肪酸酯与水混合进行水热液化，在高温高压下游离脂肪酸与超临界水形成均相并发生反应。游离脂肪酸经脱氧、裂解、异构化、环化等过程后生成成分复杂的粗催化热解油，组分包括正构烷烃、异构烷烃、环烷烃及芳烃等，碳数分布为6～28，经分馏后可获得石脑油、喷气燃料及柴油。催化热解工艺的原料来源丰富，包括富含甘油三酯的大豆油、麻风树油、山茶油和桐油等各类油脂。

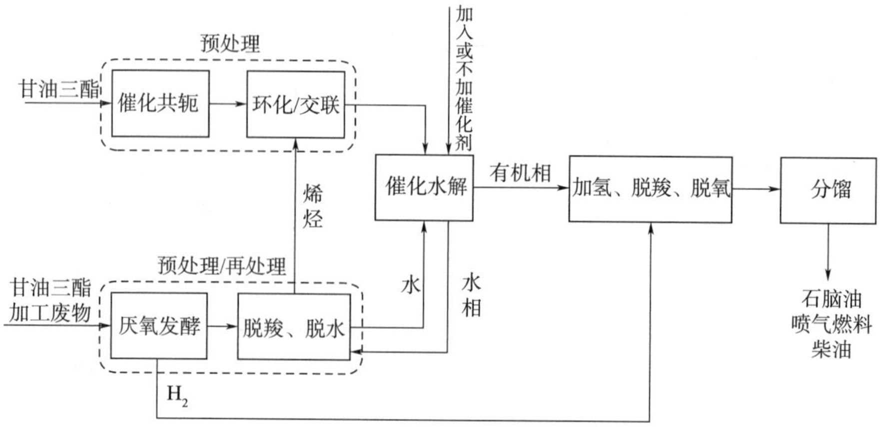

图6-2-1 可持续航空燃料领域催化加氢热解工艺路线

2020年ASTM批准了由ARA公司和CLG公司合作开发的催化加氢热解工艺作为第六条被批准的ASTM D7566生产途径。该工艺生产的生物基喷气燃料是一种非常清洁的、高热稳定的燃料，其密度和能效与石油基喷气燃料JET A或JET A-1相当，其作为第一种单独进行飞行测试的可持续航空燃料，于2012年10月由加拿大国家研究委员会在猎鹰20型飞机上完成测试。同时，在2016年，美国海军完成了以100%催化加氢热解获得的生物基燃料（未与石油基喷气燃料混合）为燃料的9架EA-18G Growler飞机的飞行。

6.2.2 全球专利申请趋势分析

从图6-2-2中可以看出，2007年全球开始出现关于催化加氢热解工艺的专利申请，但2008~2009年并未有新的专利申请。直至2009年，ASTM制定了《含合成烃类的航空涡轮燃料的规格标准》（ASTM D7566），且在2009年美国进行了第二代燃料试点项目，因此2010年催化加氢热解工艺迎来发展高潮，并经过快速增长，在2013~2015年形成了一个研究高峰。经过2007~2016年近十年的发展，该工艺路线已基本成熟，研究热度开始下滑。然而，由于中国申请人包括浙江大学等高校进入该领域的研究，将研究重心向催化剂研发等方面倾斜，为催化加氢热解工艺路线的发展迎来了新的契机，该领域逐步进入新的发展期，专利申请量自2018年起再次呈现上升趋势。2020年催化加氢热解工艺路线通过了ASTM D7566标准认证，成为该标准的第六条认证工艺路线。

6.2.3 中美专利申请趋势对比分析

通过图6-2-3催化加氢热解工艺中美专利申请趋势对比可以看出，美国在2007年提出第一件专利申请，在2013年达到研究的最高峰，随后热度降低，并在2017年以后鲜有申请。而中国在2012年出现第一件专利申请，随后自2015年起进入研究发展

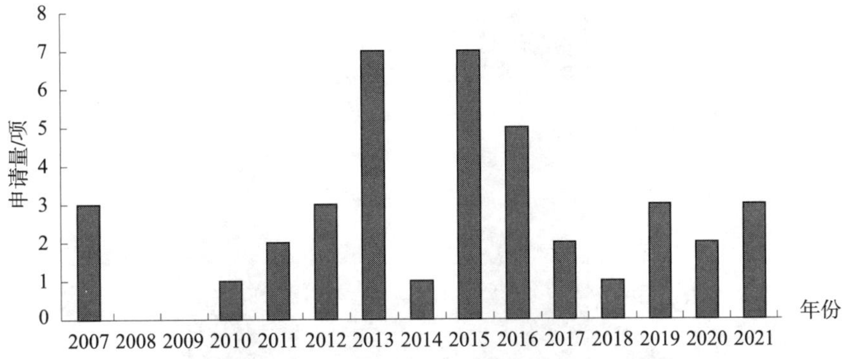

图6－2－2　可持续航空燃料领域催化加氢热解工艺全球专利申请量趋势

期，并分别在2016年和2019年达到阶段性的研究高峰。从图6－2－3中可以看出，自2015年之后，中国和美国的申请量出现了一个“剪刀叉”，我国在催化加氢热解工艺领域的专利申请量开始超越美国。

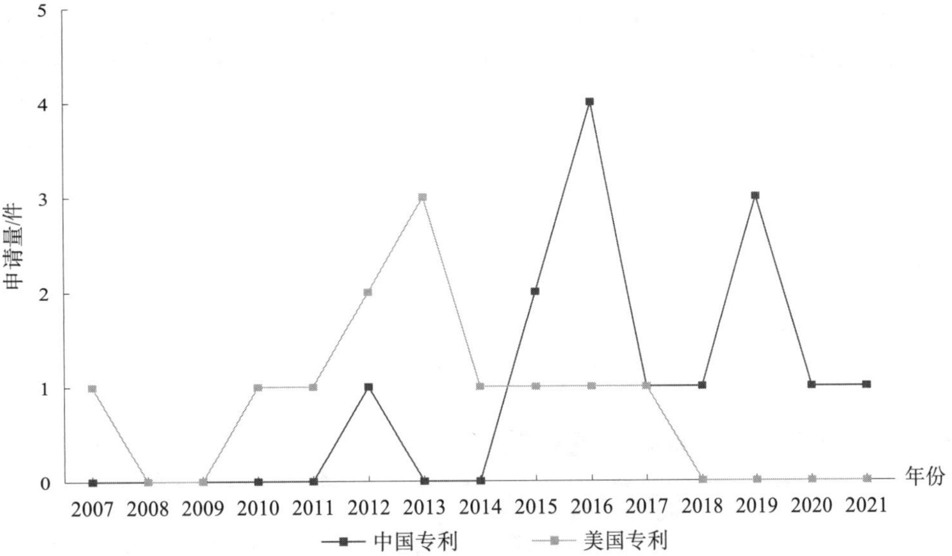

图6－2－3　可持续航空燃料领域催化加氢热解工艺中美专利申请量趋势对比

6.2.4　中美专利有效性对比分析

图6－2－4显示了可持续航空燃料领域催化加氢热解工艺中美专利有效性对比分析，从中可以看出，中国专利的有效量略多于美国，说明我国虽然加入催化加氢热解工艺领域的市场较晚，但专利申请质量较高，具有较好的市场化价值，在催化加氢热解工艺领域具有很大的发展潜力。

6.2.5　全球专利主要申请人分析

图6－2－5显示了可持续航空燃料领域催化加氢热解工艺专利全球主要申请人分

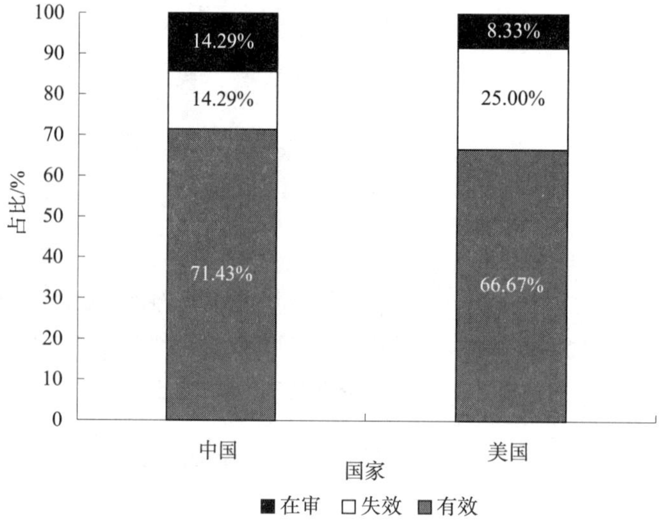

图6-2-4　可持续航空燃料领域催化加氢热解工艺中美专利有效性对比

析，从图中可以看出美国ARA公司的总申请量最多，全球排名第一，其次就是我国的浙江大学及美国的CLG公司。美国ARA公司作为首家提出催化加氢热解工艺路线的公司，在2007年提出了第一件专利，并于2007~2015年分别在美国、日本、阿根廷、印度和塞尔维亚对该工艺路线进行了专利布局。CLG公司自2015年起与ARA公司进行合作申请，在美国、阿根廷和塞尔维亚三国共享专利布局。浙江大学于2015年与波音公司合作，基于催化加氢热解工艺中的催化剂改进方向进行了专利申请，并在2015~2016年通过调整油脂来源拓展了该工艺的应用领域。从图中可以看出，虽然全球主要申请人中我国已占据两个席位，但我国的主要申请人均为高校申请人，说明我国在催化加氢热解工艺领域仍处于试验研究阶段，产业化能力有待提高。

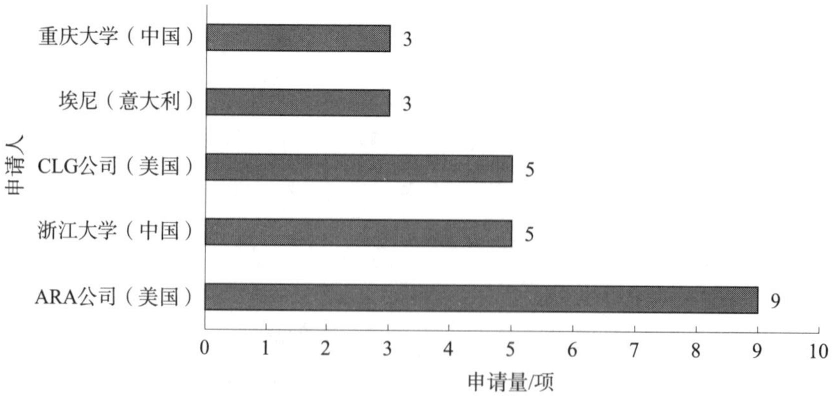

图6-2-5　可持续航空燃料领域催化加氢热解工艺全球专利主要申请人

6.2.6　专利主要在华申请人

图6-2-6显示了可持续航空燃料领域催化加氢热解工艺专利主要在华申请人。

从图中可以看出，浙江大学排名第一，重庆大学位列第二，而其他8位申请人均只有一件专利申请。从图中还可以看出，仅有中科博格（湖州）环保科技有限公司一家国内企业位列在排名中，这再次说明我国在催化加氢热解产业化应用方面仍处于起步阶段，将研究成果向产业化转变是未来的发展重点。

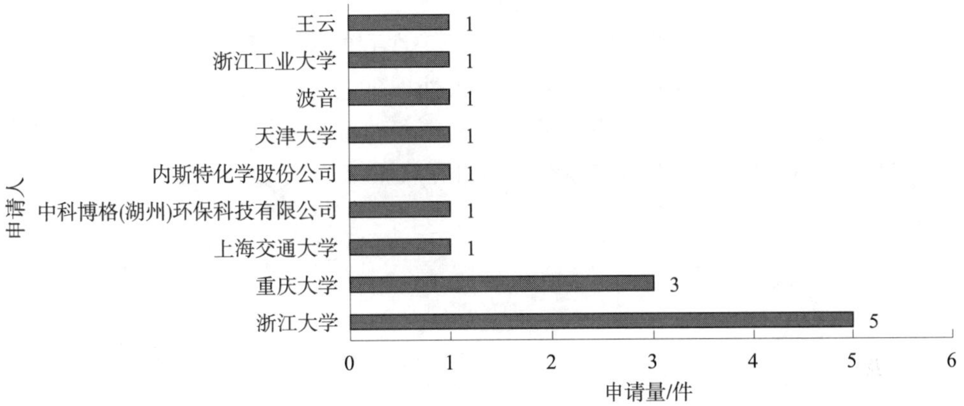

图6-2-6　可持续航空燃料领域催化加氢热解工艺专利主要在华申请人

6.2.7　专利技术功效分析

图6-2-7显示了可持续航空燃料领域催化加氢热解工艺专利技术功效矩阵，关键技术手段有预处理工艺、催化水解工艺、溶剂改进、催化水解催化剂、加氢脱氧催化剂和催化剂制备；技术效果有提高收率、延长催化剂寿命、降低冰点、优化组分和降低成本。从技术效果上看，对提高收率、优化组分和降低成本方面的研究比较多，对降低冰点方面关注度比较少，对收率、冰点以及组分影响最大的因素是加氢脱氧催化剂的改进。从关键技术手段上看，对预处理工艺和催化剂制备方面的研究较少，对

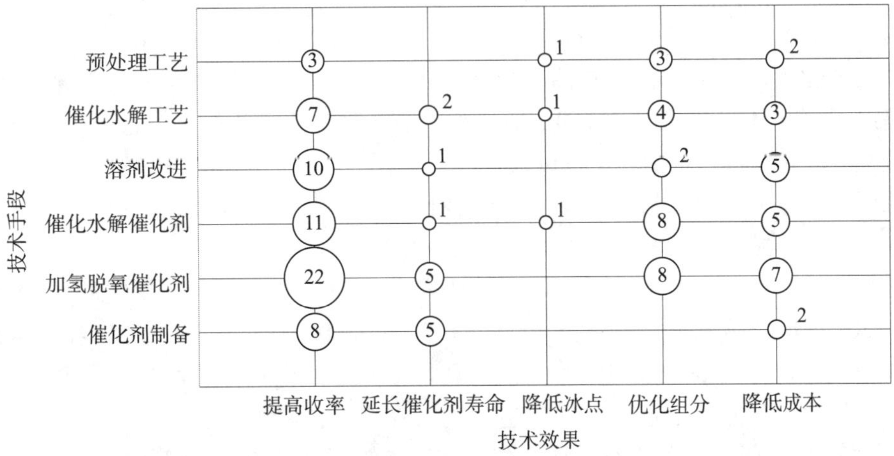

图6-2-7　可持续航空燃料领域催化加氢热解工艺专利技术功效矩阵

注：图中数字表示专利申请量，单位为项。

预处理方面的研究主要集中在采用催化共轭、环化和交联对油脂进行改性，或是通过吸附或离子交换进行除杂净化；而对催化剂制备方面的研究主要集中在对加氢脱氧催化剂的改进以提高最终产品收率和延长催化剂使用寿命。

6.2.8 专利关键技术手段演变分析

如图 6－2－8 所示，从时间上看，首先被关注到的是预处理工艺、催化水解工艺以及催化水解催化剂。随着时间的推移，对预处理工艺和催化水解工艺路线的研究逐渐成熟，研究者们开始把目光集中在溶剂的改进和加氢脱氧催化剂的选择上。自 2016 年起，对催化剂的制备和溶剂改进逐渐成为研究热点。

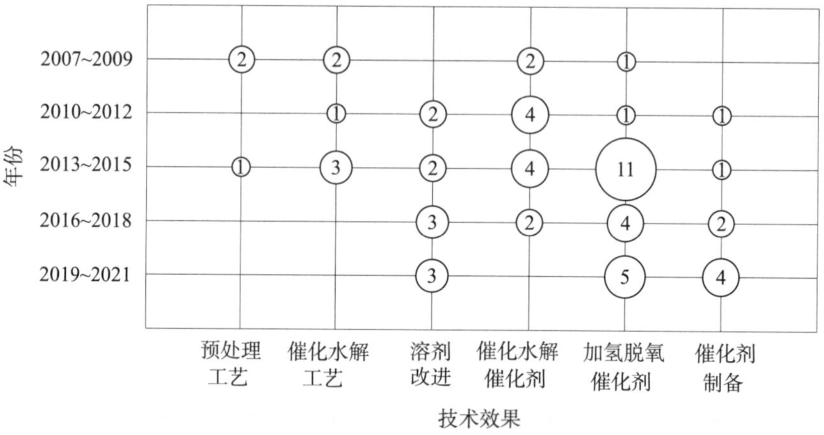

图 6－2－8　可持续航空燃料领域催化加氢热解工艺专利关键技术手段演变

注：图中数字表示专利申请量，单位为项。

6.2.9 专利技术演进路线

2007 年，ARA 公司和 Li Lixiong 共同提出了公开号为 WO2008036764A2 的专利申请，首次采用催化加氢热解工艺将甘油三酯转化为生物航油。随后美国北卡罗来纳大学于同年提出了公开号为 JP2010511750A 的专利申请，并将该工艺在日本进行了专利布局。2010 年，Morgenthaler Gaye Elizabeth 提出了公开号为 US20120277449A1 的专利申请，其中采用藻类作为油脂原料，并使用甲醇替代水作为溶剂，自此，拓展了原料来源和溶剂种类，全面掀起催化加氢热解工艺的研究热潮。

研究初始，对催化加氢热解整体工艺研究最多的是提出该工艺路线的 ARA 公司，2007 ~ 2015 年，该公司申请了公开号为 WO2008036764A2、US20140109465A1、JP2016500731A、IN3489DELNP2015A 的专利，主要就催化水解阶段进行了研究，包括催化水解催化剂和催化水解工艺的改进，同时在全球进行专利布局。自 2013 年末起，ARA 公司开始与 CLG 公司进行合作，将研究重点转移到加氢脱氧阶段，开始对加氢脱氧催化剂进行研究，并在全球加大专利布局力度，申请了公开号为 US2014163272A1、RS59231B1、RS59247B1、AR093907A1、US2016017239A1 等多件专利。

与此同时，其他申请人也逐步开始了对催化加氢热解工艺的研究。起初，人们的研究热点主要集中在催化水解催化剂，比如，2012 年我国申请人王云申请的公开号为 CN102876460A 的专利；2014 年，美国酷星球能源公司申请的公开号为 US20150210931A1 的专利；2016 年美国 Tyton BioSciences Llc 申请的公开号为 US2016251580A1 的专利；以及 2017 年我国上海交通大学申请的公开号为 CN107325835A 的专利。催化水解催化剂的种类逐渐由金属氧化物或硫化物、氢氧化物、黏土和酸向不含金属催化剂的活性炭及金属单质与金属氧化物复配进行演进，从而实现组分优化和成本降低。

随着对催化水解催化剂的研究逐渐进入瓶颈，人们开始把目光转移到溶剂改进和加氢脱氧催化剂的选择及制备上。2010 年，美国的 Gaye Elizabeth Morgenthaler 提出了公开号为 US20120277449A1 的专利申请，首次使用甲醇替代水作为溶剂在超临界状态下将从藻类中提取的油脂转化为生物燃油。之后，美国的 Clayton V. McNeff 等在 2011 年申请公开号为 US2011172450A1 的专利、俄罗斯的 Federalnoe Gosudarstvennoe 等在 2020～2021 年申请公开号为 RU2767690C1、RU2772417C1 的专利和我国的中科博格（湖州）环保科技有限公司在 2021 年申请的公开号为 CN113652272A 的专利中均采用醇类作为溶剂。2015 年，意大利的埃尼申请的公开号为 WO2015107487A1 的专利中研究了使用含有碱的水作为溶剂以优化产品组分的方法。2015～2016 年，浙江大学申请的公开号为 CN105218289A、CN105567283A、CN105602604A 的专利和浙江工业大学申请的公开号为 CN105838410A 的专利中，均采用水和醇共同作为溶剂以提高产品收率。

关于加氢脱氧催化剂，起初人们认为在催化水解阶段加入加氢脱氧催化剂必然导致催化剂失活，然而，通过研究的不断深入，研究人员惊讶地发现在催化水解阶段加入含金属的加氢脱氧催化剂并不会导致其失活，反而在某种程度上提高了整体反应转化率，因此，人们开始把目光逐渐转移到加氢脱氧工艺催化剂的选择和制备方面。2010 年，美国北卡罗来纳大学申请了公开号为 JP2010511750A 的专利，其中采用贵金属作为加氢脱氧催化剂进行使用。美国 Lummus Technology Inc 在 2015 年申请的公开号为 US20150152336A1 的专利中则使用了均相催化剂用于加氢脱氧阶段。而截至 2021 年，使用最多的加氢脱氧催化剂则是金属负载型催化剂，其中包括 2012 年韩国的 Jaehoon KIM 等申请的公开号为 US2013174475A1 的专利，2013～2015 年美国 ARA 和 CLG 公司申请的公开号为 US2014163272A1、RS59231B1、RS59247B1、AR093907A1、US2016017239A1 的专利，2015 年意大利埃尼申请的公开号为 WO2015107487A1、WO2015181721A1、EP31491341A1 的专利，2015～2016 年我国浙江大学申请的公开号为 CN105218289A、CN105218291A、CN105567283A、CN105602604A、CN105567285A 的专利，2016 年我国浙江工业大学申请的公开号为 CN105838410A 的专利，2019 年重庆大学申请的公开号为 CN109749766A、CN109825328A、CN109868153A 的专利，2021 年日本 Revo International Inc 申请的 WO2022004267A1 的专利和我国中科博格（湖州）环保科技有限公司申请的公开号为 CN113652272A 的专利。除此之外，我国南开大学 2017 年申请的公开号为 US2018134968A1 的专利和天津大学 2018 年申请的公开号为 CN108579799A 的专利中，还进一步研究了新型加氢脱氧催化剂的制备工艺。图 6－2－9 显示了可持续航空燃料领域催化加氢热解工艺的专利技术演进路线。

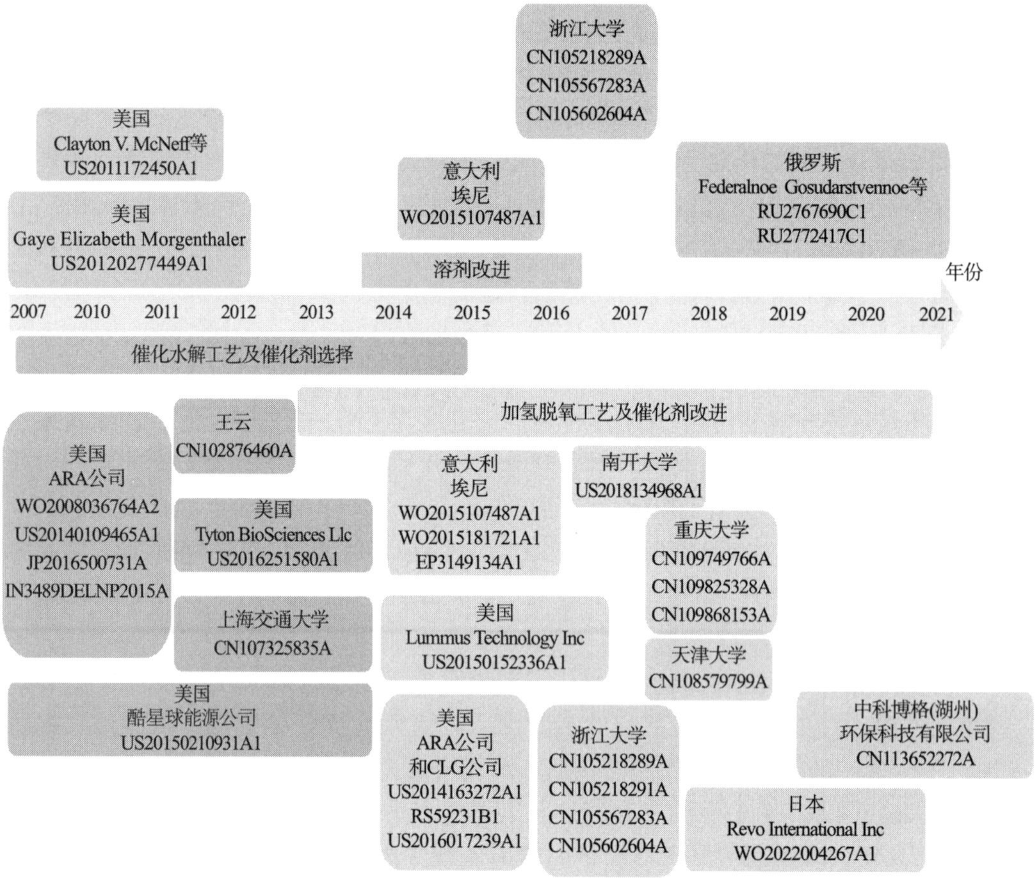

图 6－2－9　可持续航空燃料领域催化加氢热解工艺专利技术演进路线

6.3　纤维素类生物解聚及碳链加长工艺专利分析

6.3.1　工艺路线介绍

木质纤维素经解聚平台分子催化合成航油的过程主要包含以下几个阶段：首先，通过水热解聚等催化转化工艺，如水解、脱水－水合、汽提或加氢－水解，获得相关的平台分子，这些平台分子主要是五碳糖和六碳糖的脱水产物，如糠醛、5-羟甲基糠醛、乙酰丙酸等。其次，由于这些平台分子只含 5 个或 6 个碳，要合成长碳链的分子必须进行碳链构建，如碱催化的羟醛缩合、酸催化的羟烷基化或烷基化以及水相重整/芳构化，上述反应过程均可以得到碳链为 $C_8 \sim C_{16}$的长链含氧化合物。最后，就是脱氧工艺，由于长链含氧化合物含有大量的氧，要通过一系列的脱氧及改质工艺进行油品炼制，脱氧工艺主要包括加氢脱氧、加氢脱羧/脱羰、加氢裂化/异构等。目前，对于木质素解聚分子碳链加长的技术可归纳为四种，这四种技术不仅可以得到碳链长度符合要求的化合物，还分别可以制取直链烃、异构烷烃、环烷烃和芳香烃，为航油的调配提供技术路径。下面简单介绍几种不同的技术途径。

第一种是酸催化的羟烷基化/烷基化途径。酸催化通过碳碳单键耦合作用为主，根据需要来选择合适的分子进行碳链长度和骨架的调控。一般采用2-甲基呋喃为中心，在酸催化条件下与醛或酮反应，生成富有环的长链化合物，在加氢/加氢脱氧后生成 C_8以上的支链烷烃。根据前人的研究，2-甲基呋喃与多种醛、酮化合物经过羟烷基化/烷基化反应及其他加氢和脱氧反应生成了支链烷烃，在中间反应中，选择合适的催化剂可大大提高长链烷烃的产率，以2-甲基呋喃与4-甲基-3-戊烯-2-酮的反应为例，采用 $Ni-Mo_2C/SiO_2$可使产率达到77%。

第二种是碱催化的羟醛缩合途径。这种途径是指糠醛、5-羟甲基糠醛、乙酰丙酸等与酮、醛进行缩合反应生成 C_8以上的化合物。以糠醛为例，它有三种缩合方式来加长碳链。第一种方式，在碱性条件下，$C_8 \sim C_{13}$烃类具有高产率；第二种方式，由于糠醛自身含有羰基，可以进行自缩合来增长碳链，在合适的催化剂催化下，得到的产物如 C_{10}、C_{12}和 C_{14}的产率可以大于80%；第三种方式，需要将糠醛加氢环化后得到的环戊酮进行自缩合，糖醛自缩合与环戊酮的缩合反应生成的 C_{10}烷烃具有较高的产率。

第三种是水相重整反应途径。水相整合是由 Dumesic 等提出的，用于糖平台分子选择性合成液体燃料。对于木质纤维素解聚后生成的五碳糖和六碳糖可以应用水相整合技术，实现将糖转化成烷烃，采用两步串联工艺，在烷烃化之后进行羟醛缩合或酮基化反应加长碳链。

第四种是乙酰丙酸经烯烃聚合的途径。以乙酰丙酸在反应过程中生成中间产物 γ-戊内酯（GVL）为平台分子，在不同功能的催化剂上可转化成各种烯烃，烯烃在聚合加氢后生成 C_8以上的烷烃。除此之外，脱水后的乙酰丙酸在碱催化下进行低聚同样可得到合适长度的碳链。

以上是解聚及碳链加长工艺合成可持续航空燃油的技术原理，后面的章节将具体介绍有关解聚及碳链加长工艺合成可持续航空燃油的全球专利信息，主要包括专利申请趋势、专利地域分布、申请人分析、技术功效分析、技术演进路线分析、重点创新主体分析等内容。

6.3.2 全球专利申请趋势分析

从图6-3-1中可以看出，全球纤维素类生物解聚及碳链加长工艺相关专利的申请趋势主要分为三个阶段。

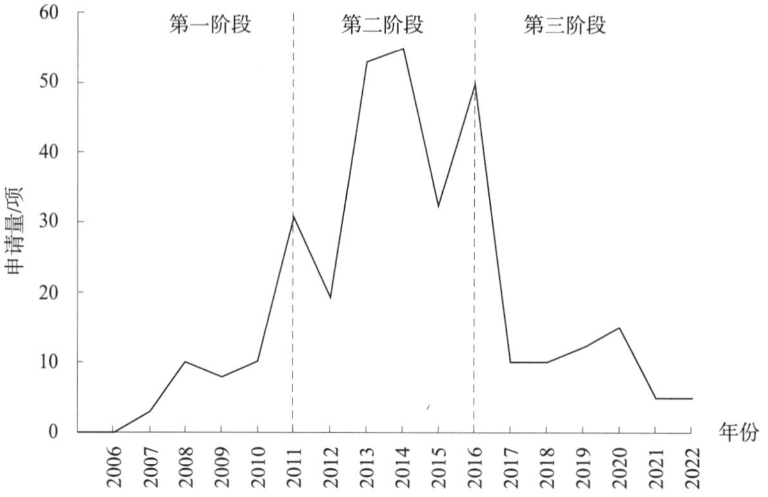

图6-3-1 可持续航空燃料领域解聚及碳链加长工艺全球专利申请趋势

第一阶段是2006～2011年。2006年Garland B. Brignac、Andrew C. Moreland和Thomas R. Halbert联合申请了第一件关于解聚及碳链加长工艺的专利，引发了科研工作人员对解聚工艺制备生物航油的研究热情，一直到2010年该技术都处于技术积累期，此后经过快速增长，到2011年形成了第一个高峰，2011年全球专利申请量为31项。

第二阶段是2011～2016年。经过第一阶段的发展，该工艺路线基本成熟，研究热度在2014年达到顶峰，全球申请量达到55项，全球申请进入了爆发期，在这个阶段，包括壳牌公司、维仁特等国外公司纷纷布局大量专利，对解聚及碳链加长工艺开展了详细的研究；虽然国外有部分企业做到了纤维素类原料解聚及碳链加长的工业化生产，但规模相对较小，相比于油脂加氢工艺的成熟，解聚及碳链加长工艺在工业化程度上有所欠缺，加之该工艺一直并未被纳入可持续航空燃料的相关标准中，因此申请量在2014年之后有所下降，但总体上仍保持较高的水平。

第三阶段是从2016年开始，国外申请人布局了一定量的专利后并未进行大量研究，导致申请量在2017年急剧下降，2017年以后，我国申请人，如中国石化、中科院所等也开展了相关的研究，使得全球申请量缓慢上升，但由于近年来航空业受到新冠疫情的影响以及专利申请公开时间滞后的原因，申请量又有所下降。

6.3.3 主要国家或地区专利申请分析

通过对解聚及碳链加长工艺制备可持续航空燃料相关的全球专利主要国家或地区分布进行分析（参见图6-3-2），发现在美国和中国申请的专利数量相差不大，分别为161件和157件，其次是巴西和欧洲，这充分说明全球航油企业对中国市场的重视。

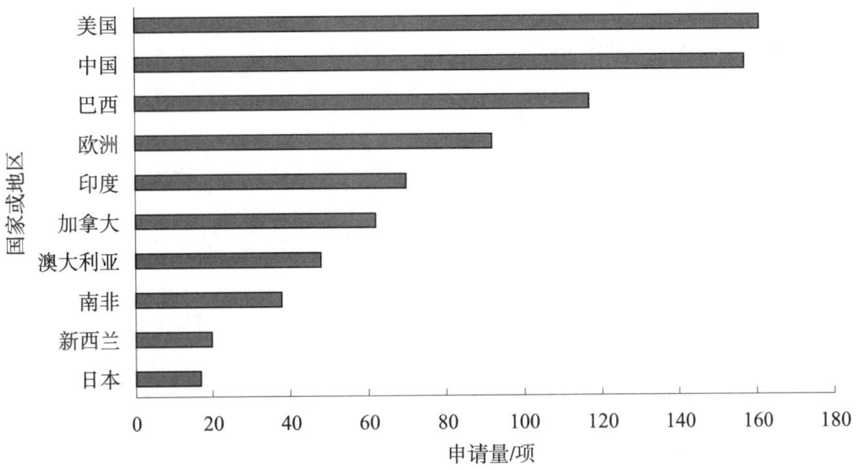

图6-3-2　可持续航空燃料领域解聚及碳链加长工艺全球专利主要国家或地区申请分布

然而进一步对比分析不同申请人国别的专利数量发现（参见图6-3-3），源自美国申请人的申请高达188项，而源自中国申请人的申请只有74项，主要原因是美国拥有在技术产出上的先发优势，还有一众国际化的可以将相关技术产业化的燃油生产商，可持续航空燃料在我国还处于起步发展阶段，相关技术和市场还不成熟，创新主体的类型也以中科院所等科研院所为主。

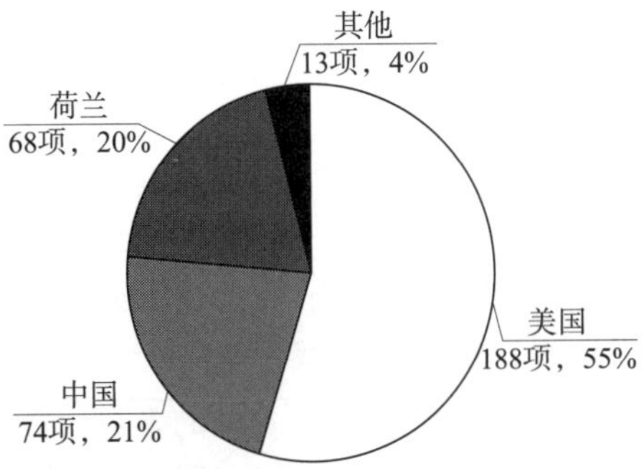

图6-3-3　可持续航空燃料领域解聚及碳链加长工艺全球专利申请人主要国别

由于美国和中国是主要的申请国家，因此对源自这两个国家的专利申请趋势进行分析（参见图6-3-4），通过分析可以看出，在2016年以前，美国申请的申请量占据绝对优势，主要源自壳牌公司及维仁特等国际燃油企业的大量申请，但是在2016年之后，美国申请的申请量明显减少，而中国的企业及科研院所开始布局相关的专利，如中国石化、中科院所等。分析原因，可能与壳牌公司、维仁特等企业的整体战略和解聚及碳链加长的技术特点有关。该技术主要以纤维素类生物质为原料，虽然原料比较容易获得且价格较低，但在解聚和缩合步骤均需要昂贵的催化剂，反应条件对温度和压力要求相对较高，在油脂加氢工艺比较成熟的市场条件下，大规模开展纤维素解聚工艺还需要较高的成本，因此，提前布局的壳牌公司、维仁特等企业的研究重心转向如何降低解聚工艺的生产成本，而在此阶段有较少的技术产出也是可以预料的；反观中国申请人，在我国“双碳”和能源安全的背景下，国内科研院所开始布局相关专利，由于国外企业已经对整体工艺进行了保护，我国申请人主要针对该工艺特定步骤的改进和替代路线进行研究，在催化剂、缩合路线以及缩合产物加氢处理等方面上有较多的创新，也使得2016年之后的申请量超过了美国申请人。

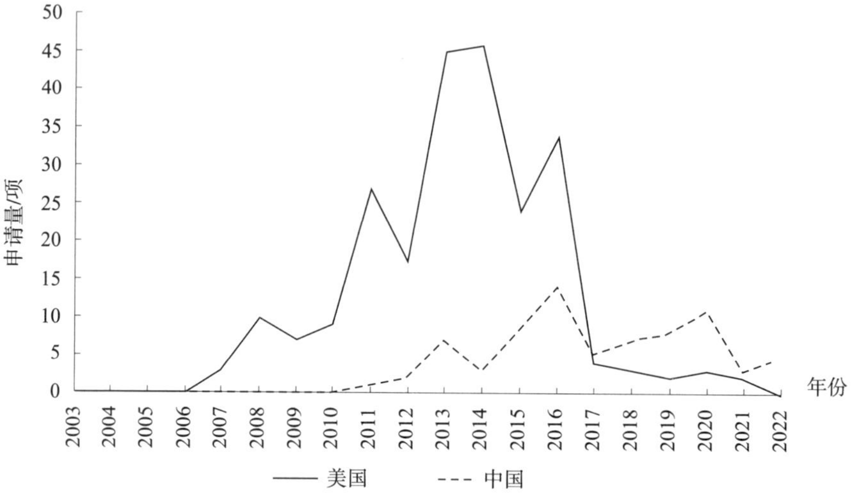

图6－3－4　可持续航空燃料领域解聚及碳链加长工艺中美专利申请趋势对比

6.3.4　全球专利主要申请人分析

从解聚及碳链加长工艺相关专利的全球主要申请人分析可以看出（参见图6－3－5），壳牌公司的申请量远远高于其他申请人。由于解聚及碳链加长主要针对的是纤维素类生物质，而壳牌公司在纤维素类生物质解聚领域积累了大量经验，并有比较成熟的工业化体系，依托其技术先发优势，在该领域布局了大量的专利。国外申请人还包括维仁特，其也是知名的可再生燃料生产商，拥有比较成熟的技术。申请量较高的国内申请人包括中科院所和中国石化，中科院所主要依托其研发优势，提出了新的小分子缩合路线以及效率较高的催化剂，而中国石化主要是依托其油脂加氢工艺，对缩合后产物的脱氧加氢工艺进行了改进。

6.3.5　专利主要在华申请人分析

由于专利申请及保护的地域性，对于国内申请的申请人进行分析，从图6－3－6中可以看出，壳牌公司在我国布局专利数量为58件，其他的跨国企业，如维仁特、艾克西莱、加州大学、耐思特等在我国布局专利较少，这与壳牌公司的国际化战略以及我国航油市场有关，因此，我国企业在发展解聚类可持续航油时应重点关注壳牌公司的有关申请，对其在我国的有效专利加以规避。

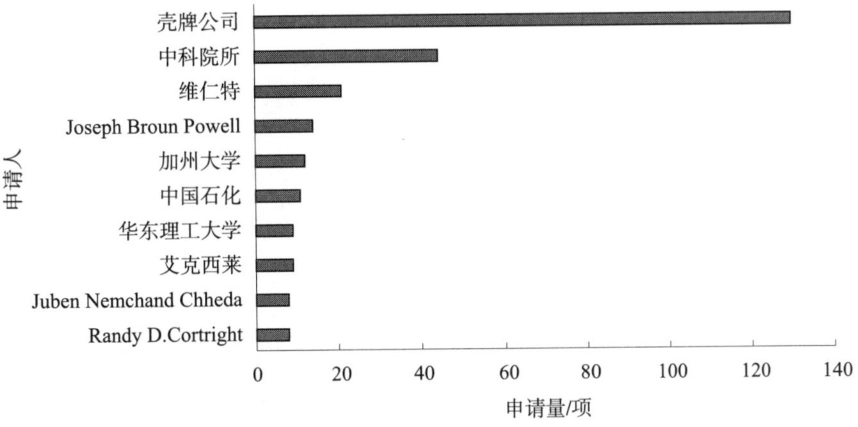

图6－3－5　可持续航空燃料领域解聚及碳链加长工艺全球专利主要申请人

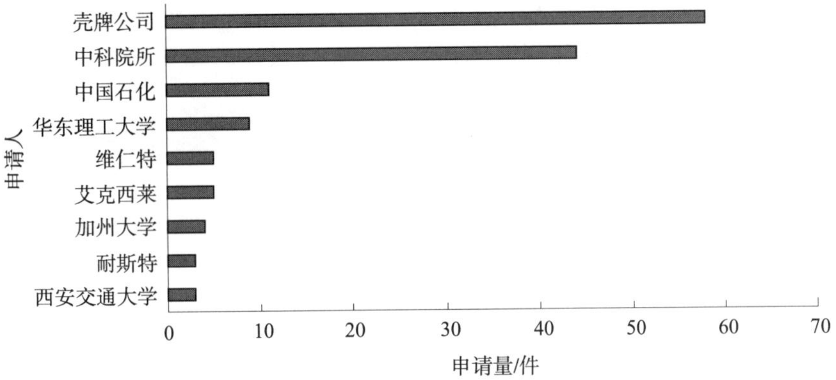

图6－3－6　可持续航空燃料领域解聚及碳链加长工艺专利主要在华申请人

对我国的有效专利进行分析（参见图6－3－7），发现壳牌公司虽然在我国申请量较大，但大部分专利均已失效，有效专利仅有12件，其他均为失效专利。维仁特在我国的有效专利为6件，尽管数量不高，但具体分析其专利可知，壳牌公司及维仁特有效专利的保护范围较大，对我国企业有一定的影响。具体内容将在后面章节的部分进行详细分析。

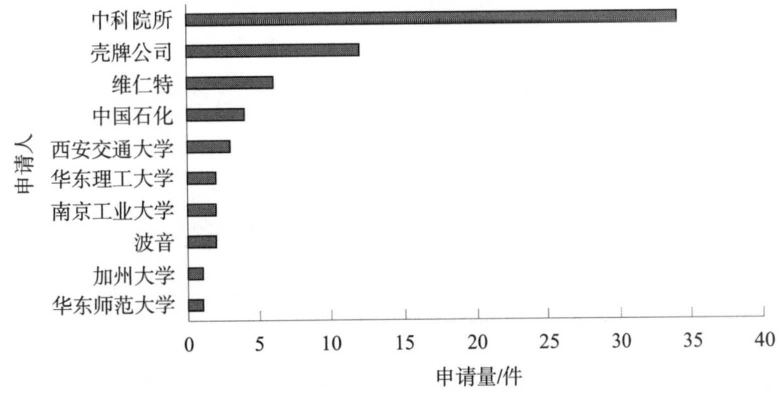

图6－3－7　可持续航空燃料领域解聚及碳链加长工艺中国有效专利主要申请人

6.3.6 专利技术功效分析

图6－3－8显示了解聚及碳链加长工艺的专利技术功效，根据其工艺路线的技术特点，结合相关专利的技术内容，将关键技术手段分为原料预处理、解聚工艺及装置、解聚产物处理、缩合工艺及装置、缩合后处理、缩合催化剂以及解聚催化剂，技术效果分为提高收率、延长催化剂寿命、提高热值、降低冰点、优化组分和降低成本。从技术效果看，科研人员更加关注提高收率、延长催化剂寿命、优化组分和降低成本。这也说明在现阶段，该技术路线并未完全成熟，提高收率和降低成本仍是主要的需求之一。除此之外，优化组分和延长催化剂寿命的专利数量也较多，充分说明该工艺对组分的控制还不是很成熟，有很大的改进空间；对于催化剂而言，研发人员更加追求低成本、高寿命的催化剂。对于提高收率和降低成本有显著影响的关键技术手段是解聚工艺及装置、缩合工艺及装置以及解聚催化剂和缩合催化剂的选择，由此可以看出，工艺条件和催化剂的选用对收率和成本有显著的影响；对延长催化剂寿命影响最大的是解聚工艺及装置以及解聚催化剂的选择；除了原料预处理和解聚产物处理，其他因素均对优化组分有一定的影响。

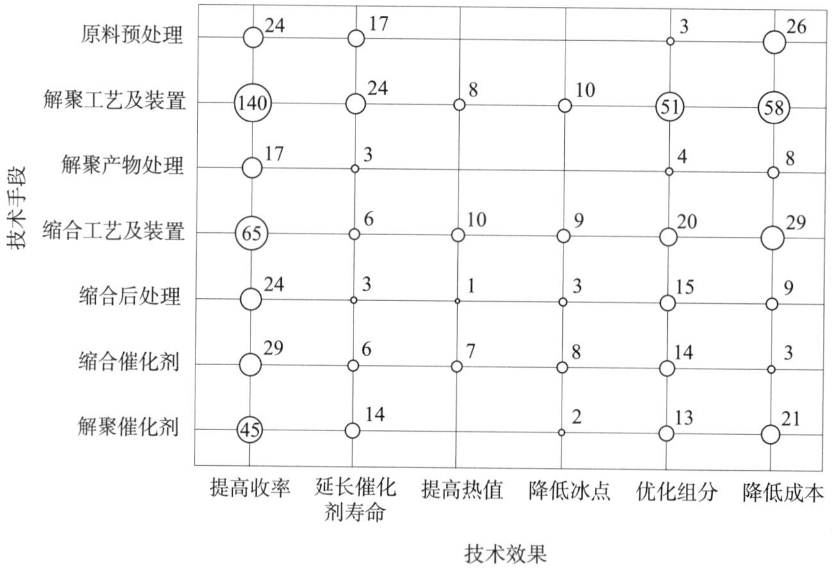

图6－3－8 可持续航空燃料领域解聚及碳链加长工艺专利技术功效

注：图中数字表示专利申请量，单位为项。

从技术手段来看，解聚工艺及装置、缩合工艺及装置是现有专利主要采用的技术手段。这主要由于壳牌公司等国际企业在这方面布局了大量的基础性专利，我国申请人在此基础上，对解聚及缩合催化剂、缩合后处理等开展研究，也取得了不错的研究成果。至于原料预处理和解聚产物处理的相关技术，只有壳牌公司开展了一定的研究。

从技术热点和薄弱点来看，目前，通过解聚工艺及装置、缩合工艺及装置提高收率、降低成本或优化组分是技术研发热点，这也符合解聚及碳链加长工艺的技术特点；

而通过解聚催化剂、缩合催化剂以及缩合后处理的手段来提高热值并降低冰点属于技术薄弱点，这也是我国申请人的研究重点，可以在后期持续投入研发力量，进行技术攻关。

由于解聚催化剂和缩合催化剂属于关键技术手段，因此对相关文献进一步进行了标引分析。图6-3-9显示了解聚催化剂专利技术功效，可以看出解聚催化剂的研究方向主要包含硫醇、树脂、载体、贵金属、过渡金属以及催化剂的制备方法。从数量上来看，贵金属和过渡金属催化剂占据优势，载体和催化剂的制备方法也有一定数量的专利，而硫醇、树脂类催化剂数量较少。从技术手段对应的技术效果来看，硫醇类解聚催化剂主要能够优化航油组分并降低航油的冰点，树脂类催化剂能够提高收率、延长催化剂寿命以及优化组分，载体主要是提高收率、延长催化剂寿命以及降低成本，贵金属的选择主要是提高收率，过渡金属主要是提高收率、降低成本以及延长催化剂寿命，而催化剂的制备方法主要是影响催化剂的寿命以及制造成本。

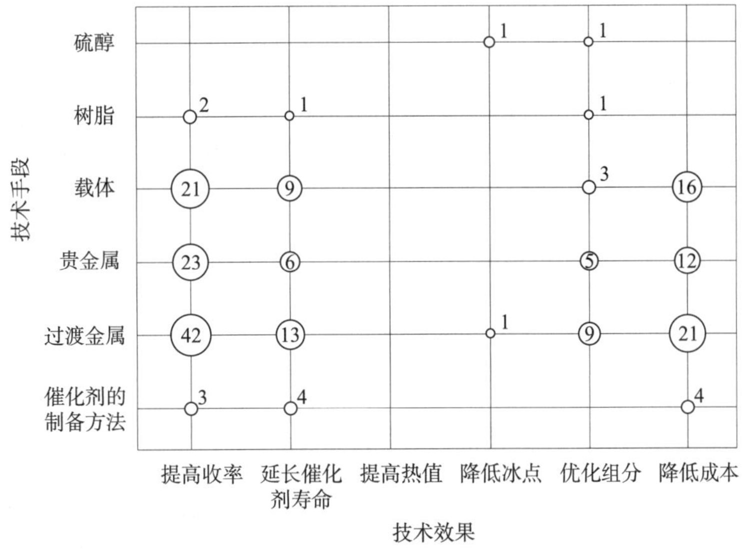

图6-3-9 可持续航空燃料领域解聚催化剂专利技术功效

注：图中数字表示专利申请量，单位为项。

图6-3-10显示了缩合催化剂专利技术功效。从图中可以看出缩合催化剂的研究方向包括载体、贵金属、过渡金属、碱金属、离子液体、树脂以及杂多酸。从数量上来看，依然是贵金属及过渡金属的催化剂相关专利数量最多，载体的相关专利也有一定数量。从技术手段对应的技术效果来看，贵金属、过渡金属以及载体是对技术效果影响最大的因素，其中过渡金属的选择对收率、组分、热值以及成本都有有益的影响，其次是贵金属和载体的选择，而碱金属主要影响的是提高收率和降低冰点，离子液体主要影响的是提高收率、降低冰点和优化组分，树脂类催化剂主要影响的是提高收率和优化组分，杂多酸主要影响的是提高收率。虽然非金属类的催化剂数量还较少，但这与该类催化剂还处于技术起步阶段有关。这些申请的出现意味着其相比于金属类催化剂，非金属类催化剂有着无可替代的优势，我国申请人应当对其重点关注。

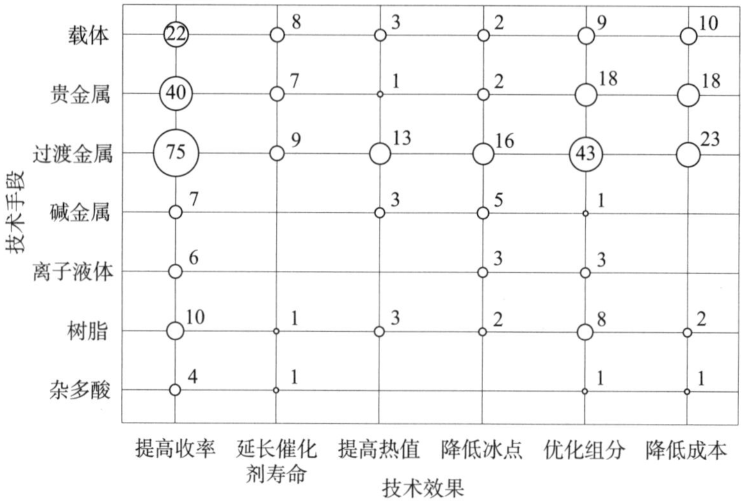

图6-3-10　可持续航空燃料领域缩合催化剂专利技术功效

注：图中数字表示专利申请量，单位为项。

6.3.7　专利技术演进路线分析

图6-3-11（见文前彩色插图第4页）显示了解聚及碳链加长工艺专利技术路线。从全球申请的专利技术演进路线来看，呈现出以壳牌公司为主，其他申请人加以改进的整体格局。从时间上可以划分为三个阶段。

第一个阶段是2010~2014年。壳牌公司提出了解聚及碳链加长工艺的全流程技术路线，从原料预处理、解聚工艺及催化剂、缩合工艺及催化剂、缩合后处理等各个流程均有相关的专利布局，如在原料预处理阶段壳牌公司提出了去除原料中金属、阴离子、氯、磷，降低含水量、氮硫含量的相关技术申请，在解聚工艺中，提出了控制温度、溶剂以及压力等工艺条件，通过固体分离、降低黏度等工艺提高效率的申请，提出了回收再加工、供氢和木质素处理等反应装置的申请；在解聚催化剂方面，提出了催化剂的合成、分布、寿命、选择性以及孔隙率的相关申请；在缩合工艺及催化剂方面，提出了分馏、部分小分子循环使用、小分子异构化以及催化剂的选择等申请；在缩合后处理方面，提出了缩合后加氢脱氧、沉淀除杂、提纯以及产物分离等工艺的申请。在同时期，维仁特及艾克西莱等企业也针对特定的步骤提出了相关申请，但远不如壳牌公司申请的全面，如艾克西莱提出了原料预处理中进行电离辐射的申请，维仁特在解聚催化剂领域提出了水相反应催化剂、杂多酸、碱性树脂和多相催化剂的相关申请；在此阶段我国申请较少，仅有中科院大连化物所提出了固体酸缩合催化剂的相关申请。

第二个阶段是2015~2017年。在此阶段，国外主要申请人中壳牌公司主要是在之前提出的相关技术的基础上进行完善，维仁特在此阶段提出了解聚工艺中的水相工艺和生物质处理溶剂技术的申请；国内申请人开始布局大量专利，如中科院广州能源所提出了解聚工艺中的汽提水解技术的申请，中国石化提出了解聚工艺中使用的特定溶剂的申请，中科院大连化物所提出了实现环烷烃缩合以及有别于壳牌公司的新的小分子缩合路线的申请，并且提出了一系列的新型缩合催化剂，如离子液催化剂、金属掺杂的固体碱、金属－固体酸双功能催化剂等的申请。

第三个阶段是2018～2022年。在此阶段，国外主要申请人几乎没有相关申请；在国内申请人中，中科院大连化物所在解聚工艺中提出了两相反应溶剂的申请，并在之前缩合催化剂研究的基础上进一步提出了钛酸纳米管缩合催化剂的申请；中科院广州能源所在汽提水解解聚工艺的基础上进一步提出了汽提分离水解的缩合工艺以及分类催化缩合工艺的申请；作为可持续航油生产企业的代表，中国石化也开始正式布局解聚及碳链加长工艺的申请，和华东理工大学合作提出了缩合工艺的相关申请，依托自身在油脂加氢领域的技术基础，又提出了一系列后处理工艺及后处理催化剂的相关申请。

6.3.8 壳牌公司及维仁特在中国有效专利分析

通过检索，壳牌公司在中国申请量虽然较高，但有效专利仅有12件，维仁特在中国有效专利为6件，这些专利可以看作我国企业在进行工业化生产中的主要技术限制（参见表6－3－1）。壳牌公司的有效专利主要涉及的内容为：纤维素的水热煮解（CN104364365B、CN104364366B、CN104302775B、CN104520500B）；中间产物作为循环溶剂（CN102712851B）；底部馏分闪蒸制备产物（CN105828929B）；小分子脱氧缩合（CN102203217B）；催化剂离床速度（CN103930524B）；催化剂耐水性（CN104955922B）；产物脱氢缩合（CN102947248B）；自产氢循环（CN105555921B）；脱除纤维素颗粒（CN104039928B）。维仁特共涉及有效专利6件，主要涉及的内容为：特定的解聚溶剂（CN103339090B、CN103298770B）；缩合反应物及催化剂（CN103403128B）；低分子量化合物制备（CN102858728B）；氧化烃加氢脱氧缩合（CN101679874B）；含氧烃催化生成多元醇（CN101443300B）。

通过对专利的权利要求进行进一步的分析可以看出，对壳牌公司和维仁特相关有效专利的保护范围较大，这对我国的生产企业有一定影响，应当引起有关企业的重视。以下对其进行详细说明，从上述发明的权利要求撰写方式和保护范围可以看出，壳牌公司在撰写方法类权利要求时，对原料、产物、催化剂和溶剂进行了较上位的限定，如第一反应产物，氢解催化剂，脱氢催化剂等，对于各组分也是采用较上位的开放式限定，如至少部分碳水化合物原料、包含碱官能度的缩合催化剂、包含稳定的羟基中间产物的第一反应产物等。上述撰写方式能够在保证授权的前提下，扩大权利要求的保护范围，使潜在的竞争对手难以规避其保护的技术方案。我国申请人在进行技术研发及申请相关专利时，一方面要注意对其保护范围进行规避，另一方面要学习其撰写方式，使得授权专利能够获得最大的保护范围，同时要注重国际布局，在有市场预期的地区布局相关专利，在一定程度上限制竞争对手。

表6-3-1 壳牌公司和维仁特在中国的有效专利

申请人	公告号	发明名称	摘要
壳牌公司	CN102712851B	生物基原料的直接水相重整	一种生产燃料共混物的方法，在水解反应中使生物基原料与溶剂接触以形成包含碳水化合物的中间产物物流；使中间产物物流与APR催化剂接触以形成多种含氧的中间产物，其中第一部分含氧的中间产物循环以形成溶剂；和处理至少第二部分含氧的中间产物以形成燃料共混物，其中所述处理包括加氢、缩合或低聚
壳牌公司	CN102947248B	包括生物质氢解及随后脱氢和醇醛缩合以生产链烷烃的方法	使至少部分木质纤维素生物质在水解反应中反应以形成碳水化合物原料；其中水解反应和在氢解催化剂存在下使至少部分碳水化合物原料与氢接触在单个步骤中实施
维仁特	CN103403128B	用于从生物质制造馏出燃料的方法和系统	提供一种组合的反应物流，该反应物流包含第一反应物流和第二反应物流，使该反应物流与氢气在一种酸缩合催化剂的存在下发生催化反应，从而产生一种包含水和多种 C_{8+} 化合物的产物流
维仁特	CN101679874B	由氧化烃合成液体燃料和化学品	一种制备 C_{4+} 化合物的方法，在含水液相和/或汽相中提供水和含有 $C_{1+}O_{1+}$ 氧化烃的水溶性的氧化烃，当在液相中发生催化反应时，所述脱氧温度在80~300℃的范围内，且所述脱氧压力为72~1300psig；当在所述汽相中发生催化反应时，所述脱氧温度在100~600℃的范围内，且所述脱氧压力为至少0.1大气压；并且其中，当在所述液相中发生催化反应时，所述缩合温度在80~500℃的范围内，且所述缩合压力为0~1200psig；当在所述汽相中发生催化反应时，所述缩合温度在80~500℃的范围内，且所述缩合压力为至少0.1大气压
壳牌公司	CN104364365B	处理生物质材料的方法和系统	将生物质材料的固体组分与适合于促进糖化的溶液接触，将生物质材料引入至无溶剂回收系统的隔室，其中所述生物质材料含有一种或多种挥发性有机化合物；将生物质材料与过热蒸汽物流在隔室内接触，以将生物质材料中的至少部分初始液体汽化；将蒸汽组分和固体组分与加热的生物质材料分离；和保留至少部分气体组分，以作为部分所述过热蒸汽物流使用。在一个实施方案中，将与溶液接触的固体组分进一步进行酶水解和/或发酵

续表

申请人	公告号	发明名称	摘要
壳牌公司	CN104364366B	处理生物质材料的方法和系统	将生物质材料引入至无溶剂回收系统的隔室，其中所述生物质材料含有一种或多种挥发性有机化合物；在隔室内将生物质材料与过热蒸汽物流接触，以将所述生物质材料中的至少部分初始液体汽化；将蒸汽组分和固体组分与加热的生物质材料分离；保留至少部分蒸汽组分，以作为部分过热蒸汽物流使用
壳牌公司	CN104302775B	由生物质材料生产挥发性有机化合物的方法	通过添加微生物和任选的酸和/或酶到固体生物质中，生成至少10吨预备的生物质材料；在储存设施中储存预备的生物质材料至少24小时和最多3年，便于由固体生物质内的至少一部分糖生产至少一种挥发性有机化合物；通过实验无溶剂回收系统，收获至少一种挥发性有机化合物
壳牌公司	CN104520500B	在浆料催化剂和可煮解过滤助剂存在下水热煮解纤维质生物质固体的方法	在浆料催化剂存在下煮解纤维质生物质，煮解方法能够包括：在煮解设备中，提供纤维质生物质固体和能够活化分子氢的浆料催化剂；在煮解设备中提供可煮解过滤助剂；用流体流在纤维质生物质固体中分布浆料催化剂；用可煮解过滤助剂将至少一部分浆料催化剂保留在固定位置；在浆料催化剂、煮解溶剂和分子氢存在下，加热纤维质生物质固体，由此形成包含可溶碳水化合物的液相；和在煮解设备中对可溶碳水化合物进行催化还原反应
壳牌公司	CN105828929B	用于加工纤维素类生物质材料的反应产物混合物的方法和系统	使用回收系统的反应产物混合物的加工，回收系统包括至少两个闪蒸器或至少一个闪蒸器和至少两个再沸器。反应产物混合物来自包括生物质、特别是含有各种多糖（例如，碳水化合物）和木质素的纤维素类生物质的解构（或消化）的反应
壳牌公司	CN102203217B	基于催化脱氧和缩合氧化的碳水化合物的液体燃料组合物	在含水液相和/或气相中提供水和水溶性氧化烃；提供氢气；在脱氧催化剂存在下，在脱氧温度和脱氧压力下，在液相和/或气相中使氧化烃与氢气催化反应，以在反应物流内产生含氧化合物；和在缩合催化剂存在下，在缩合温度和缩合压力下，使含氧化合物在液相和/或气相中催化反应，以产生化合物

续表

申请人	公告号	发明名称	摘要
壳牌公司	CN103930524B	制备烃的方法	将生物质转化为产物的方法。使生物质与氢气在加氢热解催化剂流化床的存在下、于加氢热解条件下的反应容器中接触；并将产物和炭从所述反应容器中移出。产物以离床速度离开所述流化床，炭具有小于离床速度的沉降速度，并且加氢热解催化剂具有大于离床速度的沉降速度
壳牌公司	CN104955922B	应用耐水催化剂对生物质水热加氢催化处理	水热加氢催化处理生物质的方法，在消化溶剂和载带的氢解催化剂的存在下，向水热消化装置提供木质纤维素生物质固体，其中载带的氢解催化剂包含结合到第4族金属化物载体中的（a）硫、（b）钼或钨、以及（c）钴、镍或它们的混合物；在氢和载带的氢解催化剂的存在下加热木质纤维素生物质固体和消化溶剂，从而形成包含多种含氧烃的产物溶液
壳牌公司	CN105555921B	向加氢催化反应供应氢的方法和系统	气化加氢催化反应产品的底部馏分，以产生用于进一步加氢催化反应的氢。在一个实施方案中，将加氢催化反应的顶部馏分进一步处理以产生更高分子量的化合物。将进一步处理的产品分离为底部馏分和顶部馏分，其中还使所述底部馏分气化，以产生用于进一步加氢催化反应的氢
壳牌公司	CN104039928B	转化生物质的系统和方法	生物质转化系统包括流体循环回路，包括：水热消化装置；与水热消化装置的出口流体连通的固体分离装置，其中所述固体分离装置包括多个过滤器，和所述过滤器在正向和反向流动方向上均与流体循环回路流体连通；和与固体分离装置的出口和水热消化装置的入口流体连通的催化还原反应器装置，其中多个过滤器中的至少一个与催化还原反应器装置的入口流体连通
维仁特	CN103339090B	使用生物重整过程的溶剂溶解生物质	使用生物重整反应中产生的一种溶剂来降解生物质的方法
维仁特	CN103298770B	有机催化降解生物质	使用生物重整反应中产生的一种溶剂来催化降解生物质的方法

续表

申请人	公告号	发明名称	摘要
维仁特	CN102858728B	用于对多元醇进行加氢脱氧的改良型催化剂	用于从生物质衍生的含氧烃（如糖、糖醇、糖化物等）生产多元醇、酮、羧酸、醛以及醇的多种方法，在较低温度和压力下进行，并且允许无须来自一个外部来源的氢气即可生产含氧化合物
维仁特	CN101443300B	用于生成多元醇的方法和系统	使用通过生物质产生的氢由生物质生成丙二醇、乙二醇和其他多元醇、二醇、酮、醛、羧酸和醇的方法。使生物质原料溶液的部分水流在水相重整的条件下在催化剂上反应以产生氢，然后使氢与含水原料溶液在催化剂上反应以产生丙二醇、乙二醇（ethylene glyca）和其他多元醇、二醇、酮、醛、羧酸和醇

6.4 基于热解和加压液化的技术专利分析

6.4.1 工艺路线介绍

基于热解和加压液化的技术，指生物原料在无氧或者缺氧条件下通过热化学转化直接制备得到液态生物油的技术，生物原料包括木质纤维素类原料、生活废弃物等，木质纤维素类原料又包括木质纤维素类作物（如象草、紫叶狼尾草）、农林废弃物（如秸秆、树枝、稻壳）等，生活废弃物包括污泥、动物排泄物等。

基于热解和加压液化的技术制备得到可持续航空燃料的工艺路线一般分为两个阶段，第一阶段是基于热解和加压液化的技术制备得到热解油，第二阶段是将制备得到的热解油进一步提质得到可持续航空燃料。应当强调的是，目前还没有通过热解和加压液化制备得到可持续航空燃料的技术获得 ASTM 喷气燃料商业生产认证，尽管 KiOR 公司通过其研发的催化热解技术曾经开始申请 ASTM 认证，但由于该公司于 2014 年宣布破产，导致该技术的认证过程不得不中断。

基于热解和加压液化的技术以常规快速热解、催化热解、加压液化为主。常规快速热解是指生物原料于惰性气体氛围中，在压力为 0.1 ~ 0.5MPa 和温度为 500℃左右条件下，以 104 ~ 105℃/s 的高加热速率和少于 2s 的停留时间，使大分子生物质转变为小分子气态中间产物，然后通过快速冷凝将中间产物收集，从而得到液体产物的过程。常规快速热解制得的液体产物最大产率可达生物原料干重的 80%，因此这种方法得到了广泛的关注和应用。催化热解是指在生物原料与催化剂共混或分隔开，利用不同催化剂的功能改变热解产物的主要成分，以实现生物质高效转化和生物油高收率、高品质的热化学转化过程。加压液化是在高压和相对较低温度下热解为液体产品，加压一般为CO加压和H_2加压。以H_2加压为例，在溶剂（水、醇、酮、离子液体等）以及适宜催化剂（Ru－W、Ni－Ce/Ni－Mo/Ni－Zr/Ni－Cu和Co－Mo系加氢催化剂等）的作用下可明显提高液化率和特定产品的产率，极大地促进生物质高效转化为特定的化工产品。相比于快速热解，加压液化目前还停留在实验室研究阶段，但加压液化具有温和反应条件和相对较低的设备要求，使其在规模化应用上具有较大潜力。

热解油提质主要包括催化加氢和催化裂化两种技术，航空燃料基本不含氧，对含氧化合物有着严格的限制，由于生物原料本身是一种含氧量较高的原料，热解油组分中大都含氧，对其理化特性造成了严重影响，因此，热解油提质通常以脱氧为核心。热解油催化加氢反应温度通常在400℃以内，在氢气或供氢溶剂的氛围中，热解油受催化剂作用发生加氢反应，以水或碳氧化物的形式将原有氧元素脱除的热解油提质技术，过程中通常还伴随着加氢脱硫、加氢脱氮以及不饱和烃的加氢饱和等化学反应。在热解油催化加氢技术发展的初期，普遍采用热解油一步催化加氢的方法，往往导致严重的热解油组分聚合现象。为解决上述问题，有学者提出了两步催化加氢的思路，该方案逐渐被广泛接受，并成为当前热解油催化加氢提质的主流方法。热解油催化裂化反应温度通常在400～600℃，通过脱氧催化剂作用，使生物油组分发生一系列脱氧反应（包括脱水、脱羧、脱羰反应等），以水或碳氧化物的形式将氧元素脱除，最终形成烃类产物的热解油提质技术。催化裂化催化剂通常采用酸性沸石类催化剂。

相较于其他可持续航空燃料制造工艺中普遍存在的工艺复杂、投资成本高、转化率低等问题，基于热解和加压液化的技术具有工艺简单、投资成本低、反应迅速、装置容易大型化等优势，热解油脱氧后形成的芳烃和低碳烯烃产物是化学工业中关键的基础原料和平台化合物，可实现向航空燃料全组分的转化，具备完全取代石油基航空煤油生产的可行性，基于热解和加压液化的技术被认为是目前最具开发潜力和值得探索的生物质利用技术之一。

6.4.2 中美专利申请趋势对比分析

图6－4－1为基于热解和加压液化的技术中美专利申请趋势对比，美国在2007年提出第一件专利申请，2009年ASTM按照ASTM D4054喷气燃料新产品及添加剂规定的程序把合成烃类替代燃料单独起草为一个标准ASTM D7566－09，即《含合成烃类的航空涡轮燃料的规格标准》，并且，2009年在哥本哈根《联合国气候变化框架公约》缔约方第15次会议上，国际航空运输协会设定了实现2020年“碳中和”及2050年碳排放比2005年减半的规划，美国专利申请量在2009～2010年到达第一个小高峰，在2011年全球燃油标准机构批准生物燃料在民用航空领域的应用及2012年欧盟为了达到航空减排目标，将对所有抵达和离开欧盟境内的商业航班征收碳排放税，直接促使了2011～2014年美国专利申请量的激增，并在2014年到达研究的最高峰，随后热度呈阶梯式降低。中国在2008年出现第一件专利申请，申请人是来自美国的能源与环境研究中心基金会，中国在该领域的专利申请量始终处于持续平

稳的低速发展阶段。综上可知，美国在该领域处于绝对领先的地位，中国对该工艺的研究热度不高。

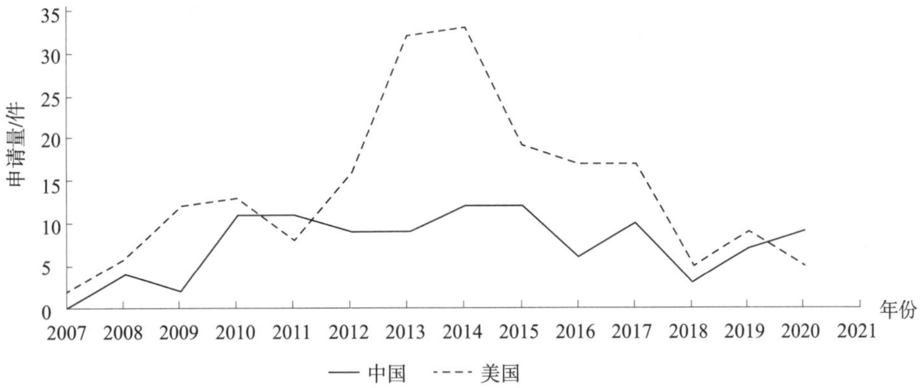

图6-4-1 可持续航空燃料领域基于热解和加压液化的技术中美专利申请趋势对比

6.4.3 中美专利有效性对比分析

专利有效状况能直接反映一个国家、一个地区以及申请人的自主创新能力和市场竞争力。图6-4-2显示了基于热解和加压液化的技术中美专利有效性对比分析，基于热解和加压液化的技术美国有效专利占比为70%，超过2/3，该领域美国专利价值度相对较高，易于成果转化，具有较高的市场竞争力；中国有效专利占比为47%，中国专利的市场竞争力稍弱于美国。

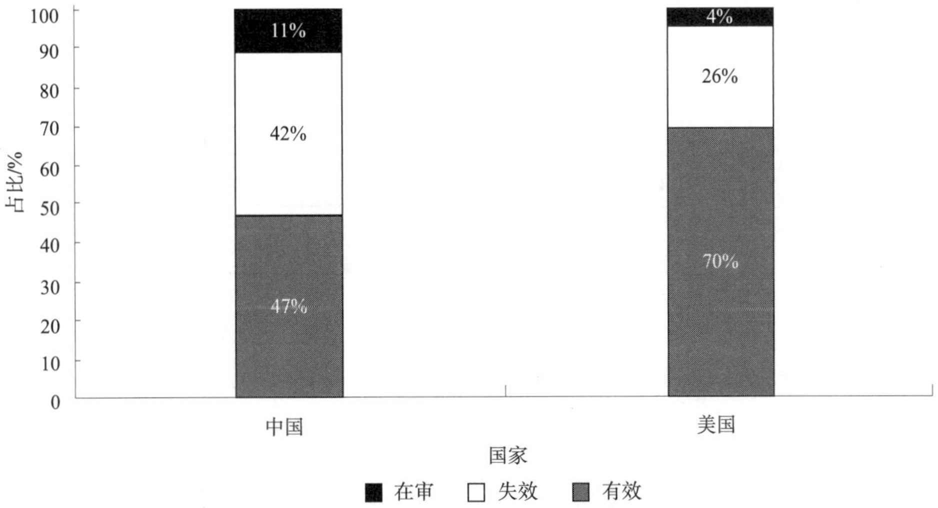

图6-4-2 可持续航空燃料领域基于热解和加压液化的技术中美专利有效性对比

6.4.4 全球专利布局区域分析

通过对领域内专利申请布局国家的分析，可以了解全球主要国家或地区在该领域的市场活跃情况。图6－4－3显示了基于热解和加压液化的技术相关专利全球目标市场占比的情况。由图可以看出美国是该领域的主要市场，美国既是该领域的主要技术来源国，也是专利布局的主要市场国，美国地域辽阔，木质纤维素类原料来源丰富，采用主要原料为木质纤维素类原料的热解及加压液化技术制备可持续航空燃料在美国市场活跃度最高；其次，市场活跃度较高的为中国；农业、林业资源丰富的巴西排名第三。

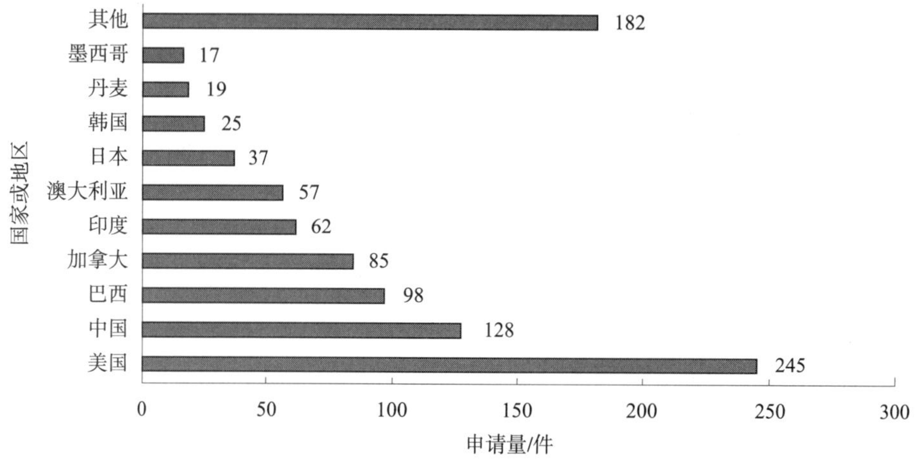

图6－4－3　可持续航空燃料领域基于热解和加压液化的技术全球专利主要国家或地区布局

6.4.5　全球专利主要申请人分析

图6－4－4显示了基于热解和加压液化的技术全球专利主要申请人分析，全球排名前十位的申请人中，美国申请人占据八席，分别包括排名第一、第二的安辛可再生能源有限公司和KiOR公司，以及菲利浦66、酷星球能源公司、维仁特、巴特勒迈、质子电力及埃克森美孚，美国在该领域的创新主体主要集中在各大石油化工企业。另外，两席分别为荷兰的壳牌公司和芬兰的芬欧汇川，分别位居第三及第六位。

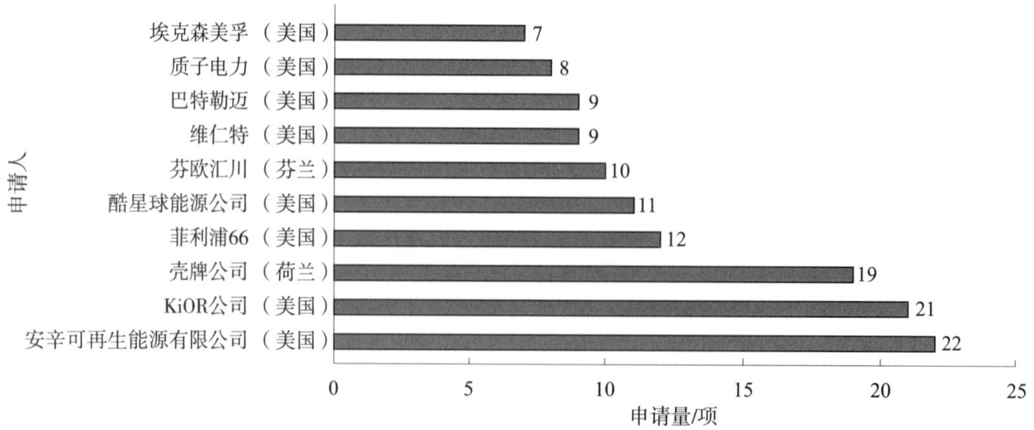

图6－4－4　可持续航空燃料领域基于热解和加压液化的技术全球专利主要申请人

安辛可再生能源有限公司是第二代木质纤维素生物燃料的领先生产商，通过其专有的快速热处理技术将林业残余物和其他非食物生物质转变成可再生燃料油（Recycled Fuel Oil，RFO），该公司用这项技术在商业上生产食品、化学品和取暖用燃料已经有25年之久。炼油厂共处理是指在炼油厂的催化裂化装置原料中除了加入传统的石油基原料外，还加入可再生燃料油RFO，共处理产生的柴油产品和汽油产品，都满足ASTM标准。2015年6月，安辛可再生能源有限公司和俄亥俄州扬斯敦市的扬斯敦热能公司签署了RFO可生物燃料供应协议，协定安辛可再生能源有限公司每年提供多达946万升的可再生燃料油RFO，这将取代多达50%的天然气燃料需求。2017年1月10日，贝茨学院与安辛可再生能源有限公司合作，从天然气转向可再生燃料油。自21世纪初以来，该学院的温室气体排放量减少了大约83%。安辛可再生能源有限公司在该领域具有较多的专利布局，专利技术主要集中在炼油厂的催化裂化装置中共处理传统的石油基原料及可再生燃料油RFO，制备得到汽油、柴油及喷气燃料，并通过对其专利数据的分析可知，安辛可再生能源有限公司在该领域的专利布局市场主要集中在美国，未见其在中国布局的专利申请。

通过分析安辛可再生能源有限公司的发明人及转让信息可知，安辛可再生能源有限公司发明人团队为：Barry A. Freel、Robert G. Graham，该团队经过职务发明转让后，将权利质押给风险贷款租赁公司获得更多资金。近些年，我国职务发明制度绩效仍然不高，其中公共科研部门问题更为突出。根据国家知识产权局战略规划司编写的《2018年中国专利调查报告》，我国科技成果转化率仅为10%左右，其中高校职务发明转化率更低。2017年全国高校和科研机构有效专利转化率分别只有1.4%和1.5%，许可率分别只有1.8%和2.0%。职务发明制度的关键在于如何发掘人力资本和物质资本的双重创新优势以提高产业竞争力，而这一目标须通过发明权属结构的制度优化设计方能实现。美国的职务转让制度与中国不同，自20世纪70年代以来，日本制造业的崛起和欧洲一体化进程加快，使得美国日益感受到外在的挑战和压力。于是，尽管充满质疑，但是一部以促进成果转化利用为目标的拜杜法案还是面世了。该法案的主要精神在于：其一，在一定条件下，由政府资助科研活动获得的发明成果可由所完成的企业、非营利机构和大学所有；其二，享有发明成果所有权的机构要承担专利申请和将专利许可授权给企业界的义务；其三，对于实际完成的职务发明人应当给予奖励，发明人在专利许可后应分享专利许可收入；其四，政府基于公共利益需要保留“介入权”。总体而言，拜杜法案旨在对联邦资助的发明成果所有权实行统一政策，并制定了反映此类独特发明的特定公共利益的重要目标。这些目标是通过促进学术界和工业界之间的合作并保留政府在发明成果中的权利来实现的。相对于自由市场领域的发明前转让协议，职务发明权属发生了从“约定”到“法定”的转移。拜杜法案自1980年制定实施以来，极大地促进了美国大学和研究机构科技成果的商业化，有效实现了政府、大学、公众和工业界的多方受益。

不同于美国，我国劳动者在利益补偿机制方面缺乏有效的博弈手段，仅凭职务发明人自身因其在劳动力市场处于弱势地位并无法和单位真正平等协商，特别是在国有科研机构和高校中的科研人员，受考核、升迁等现实因素影响，难以向单位主张权利，更不要说“以脚投票”。由法律作出对职务发明奖酬的兜底性规定，避免劳动力市场的丛林法则，保护职务发明人的利益，在我国具有现实必要性。如按照美国专利法发明人主义原则，科研人员作为发明人是专利权的初始获得者，项目承担单位的专利所有权需通过科技人员向其转让而获得，且美国并没有规定所有科技人员必须向项目承担单位披露其发明，于是科技人员与项目承担单位之间实现了一定的权利制衡。

2015 年 10 月 1 日正式实施修订后的《促进科技成果转化法》，对科技人员的奖酬比例提高到不低于该项科技成果转让净收入或者许可净收入的 50%。各地纷纷通过诸如促进科技成果转化条例等地方立法，大幅度提高科研人员的奖酬比例。但由于仍然受科技成果管理和审批制度等束缚，科技成果的转化、利用并未完全达到立法预期的效果。这是因为只有创造发明的科技人员自身，才是更了解和珍视科技成果的人，也是更能主导技术转移和利用的人；只有提高科技人员在成果利用、转化方面的积极性，才有助于从源头激励科研人员以应用为导向提高创造发明的质量和技术含量。从我国之前颁布的各项激励科技创新的政策法规来看，其重点还局限于将国家所有权或成果处置权下放至单位的“拜杜条款”。基于我国特殊的国情，在今后一段时期，应以权属激励为手段，改变科技人员在成果转化、利用活动中主导话语权孱弱的现状，赋予科技人员更大的自主空间。虽然我国 2020 年 10 月修订的《专利法》已明确以单位让渡或分割职务发明所有权为内容的权属激励和以股权、期权、分红等方式为内容的产权激励两项激励手段，既鼓励单位采取产权激励方式与发明人或设计人分享收益，也在法律层面肯定职务发明由发明人与单位共有的合法性。接下来，针对权属激励的具体实施，仍需要通过相关制度的配套来抑制或减少制度的外部性，使权属激励条款发挥真正的效率。

KiOR 公司在美国特拉华州成立，是新一代可再生燃料公司，后来更名为 MARD 公司。该公司于 2007 年 7 月作为科斯拉创投公司与荷兰 BIOeCON 有限公司的合资企业成立，并以一种投资合作的关系开始进行运转经营。KiOR 公司开发了生物质催化热解技术，该技术可将木质纤维素生物质通过类似催化裂化的过程转化为主要成分为生物质油，同时生产轻气体、热解焦和水，生物质油再经加氢处理转化为可再生汽油、柴油、喷气燃料等，采用该技术可减少 CO_2 排放。2011 年 4 月，美国 KBR 工程公司宣布，采用 KiOR 公司的技术，计划在密西西比州建设第一套生物质催化热裂解生产可再生原油的装置，将 KiOR 公司专有技术推向商业化。KiOR 公司的主要核心发明人为 Bartek Robert，由其带领的主要团队为两个，一个是 Yanik Steve 和 O'Connor Paul（荷兰），另一个是 Stamires Dennis 和 Brady Michael，其中 Yanik Steve 和 O'Connor Paul 主要着重于原料处理和工艺优化，而 Stamires Dennis 和 Brady Michael 偏重于催化剂研究；其权益主要质押方为阿尔伯达有限公司（代理，加拿大）、科斯拉风险投资有限公司（美国）、KFT 信托、维诺德·科斯拉，后续我国可采用债权人入股、挖掘相关人才等方式弥补该领域技术空白点。

6.4.6　专利技术在华申请人国别分析

图6－4－5显示了基于热解和加压液化的专利技术在华申请人主要国别分布，从图中可以看出，中国专利申请国内申请占比40.65%，国外申请占比59.35%，国外申请占比较高，这说明在该领域中国具有一定的市场潜力，国外各大创新主体瞄准了中国市场，在中国市场具有一定量的专利布局，其中布局最多国家为美国，占比高达33.33%，其次有荷兰、芬兰、法国、澳大利亚等国家。

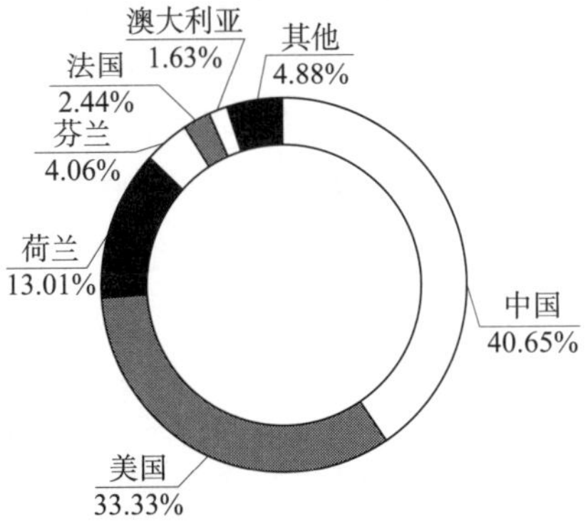

图6－4－5　可持续航空燃料领域基于热解和加压液化的专利技术在华申请人主要国别分布

6.4.7　专利技术在华主要申请人分析

图6－4－6显示了基于热解和加压液化的专利技术主要在华申请人。从图中可以看出，专利申请量排名第一、第二位的分别为荷兰的壳牌公司及美国的科伊奥公司，虽然排名前十位的主要在华申请人中，中国申请人占据六席，但申请量均较少，排在前列的南昌大学专利申请量也仅有5件，基于该领域的主要在华申请人分析可知，中国申请人分布分散且专利申请量少，中国在该领域未形成产业优势。

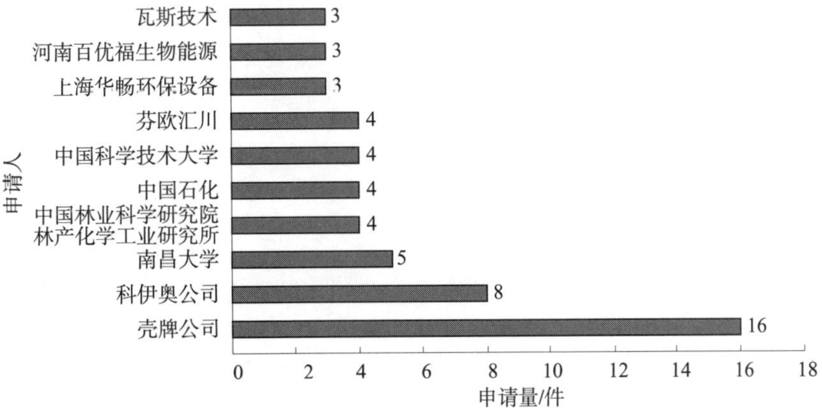

图6－4－6　可持续航空燃料领域基于热解和加压液化的专利技术主要在华申请人

6.4.8 专利技术功效分析

图6－4－7显示了基于热解和加压液化的专利技术功效，关键技术手段有原料、前处理、热解催化剂、热解工艺改进、提质催化剂、提质工艺的改进；技术效果有延长催化剂寿命、改善油的烟点、提高收率、优化组分和降低成本。从技术效果上看，对提高收率、优化组分及延长催化剂寿命研究较多，对降低成本、改善油的烟点方面关注度比较少。从关键技术手段上，原料和前处理工艺的研究较少，提质工艺关注度最高。原料的研究主要集中在通过各种生物质原料之间的混合，以优化原料的有效氢碳比等，进而提高收率及优化产物组分，前处理的目的主要在于优化产物组分、提高收率及降低成本，热解催化剂的研究热点在于如何提高收率及优化组分，热解工艺改进则集中在提高收率及降低成本，提质催化剂及提质工艺改进均重点关注于如何提高收率、优化组分及延长催化剂寿命。

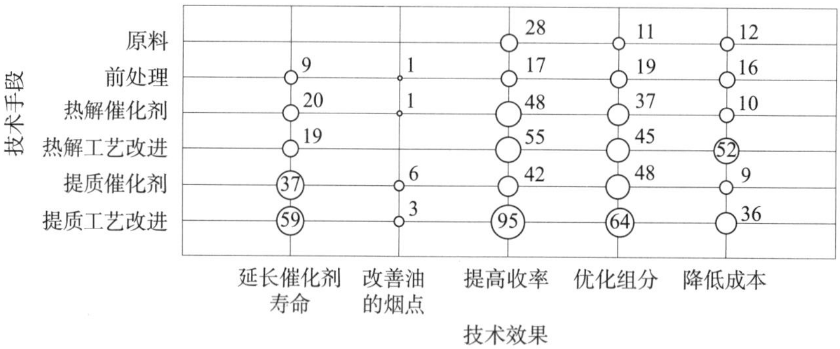

图6－4－7 可持续航空燃料领域基于热解和加压液化的专利技术功效

注：图中数字表示专利申请量，单位为项。

图6－4－8显示了热解催化剂的专利技术功效，热解催化剂的改进主要集中在多相催化剂中活性金属及载体的改进，改进的目的集中在优化产物组分、提高产品收率及延长催化剂寿命。均相催化剂酸催化剂、碱催化剂及催化剂制备方法研究较少。

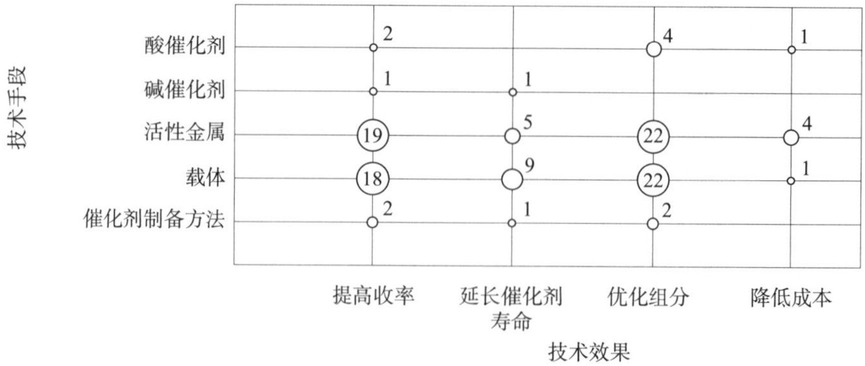

图6－4－8 可持续航空燃料领域热解催化剂专利技术功效

注：图中数字表示专利申请量，单位为项。

图6－4－9显示了提质催化剂的专利技术功效，提质催化剂的改进主要集中在多相催化剂中活性金属及载体的改进，改进的目的集中在优化产物组分、提高产品收率及延长催化剂寿命，其他催化剂及催化剂制备方法研究较少。

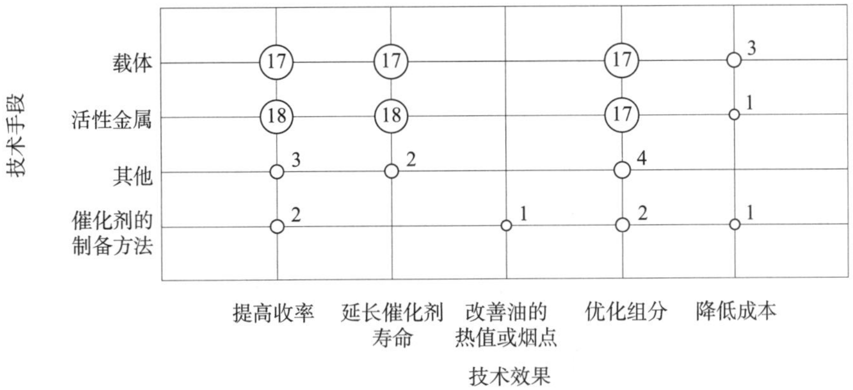

图6－4－9 可持续航空燃料领域提质催化剂专利技术功效

注：图中数字表示专利申请量，单位为项。

6.4.9 专利技术演进路线及专利技术法律情况

图6－4－10显示了基于热解和加压液化的专利技术演进路线，对于原料选择和预处理工艺，2007年森林能源系统有限责任公司提出了公开号为US20080272030A1的专利申请，采用木质纤维素、生活废弃物原料研磨处理；2009～2013年，KiOR公司、霍尼韦尔UOP、Sundrop Ip Holdings Llc、菲利浦66就原料相关工艺布局了公开号为US20120022307A1/US20120047794A1/EP2635661A1、WO2011073781A2、CN102892866A/CN103370398A、US9126173B2、US20140073823A1的相关专利，安辛可再生能源有限公司就原料种类布局了相关专利US9109177B2；2017年，南昌大学提出了公开号为CN107805514A的专利，选用高有效氢碳比物质（废弃输液袋）与生物质（秸秆）共催化热解技术。

对于水热液化水解工艺，2007年森林能源系统有限责任公司提出了公开号为US20080272030A1的专利申请，首次优化水热液化溶剂选择，水热液化过程中采用的金属催化剂和后续提质工艺所用催化剂相同的热解工艺；2010年，壳牌公司对水热液化工艺进行了改进，并在中国布局了公开号为CN102712851A的专利，其涉及水热液化与水相重整配合工艺；2013年，巴特勒迈申请公告号为US20130331623A1的专利，公开了水热液化工艺。

对于热解工艺，2008年，能源与环境研究中心基金会（美国）首次对常规热解工艺申请公开号为US20090000185A1的专利；2012年，Ensyn Renewables Inc申请公告号为US9109177B2的专利，公开了快速热解工艺；2013年，Altex Technologies Corporation对常规热解工艺改进，提出了公告号为US20140275296A1的专利申请，公开了低分子产物热解工艺，碳技术控股有限责任公司就热解产物处理工艺提出了公告号为US9493379B2的专利；2014年，东南大学对常规热解工艺进行了改进，提出了公开号为 CN104059682A 的专利，其涉及选择性热解与梯级转化制备工艺；2015 年，中国石化提出了公告号为 CN106635195B 的专利申请，公开了常规热解工艺；2018 年，江苏大学提出了公开号为 CN108531204A 的专利申请，通过两段定向热解制备得到航空燃油前驱物酮类；2019 年，中科院所提出了公开号为 CN110451753A 的专利申请，并公开了常规热解工艺。

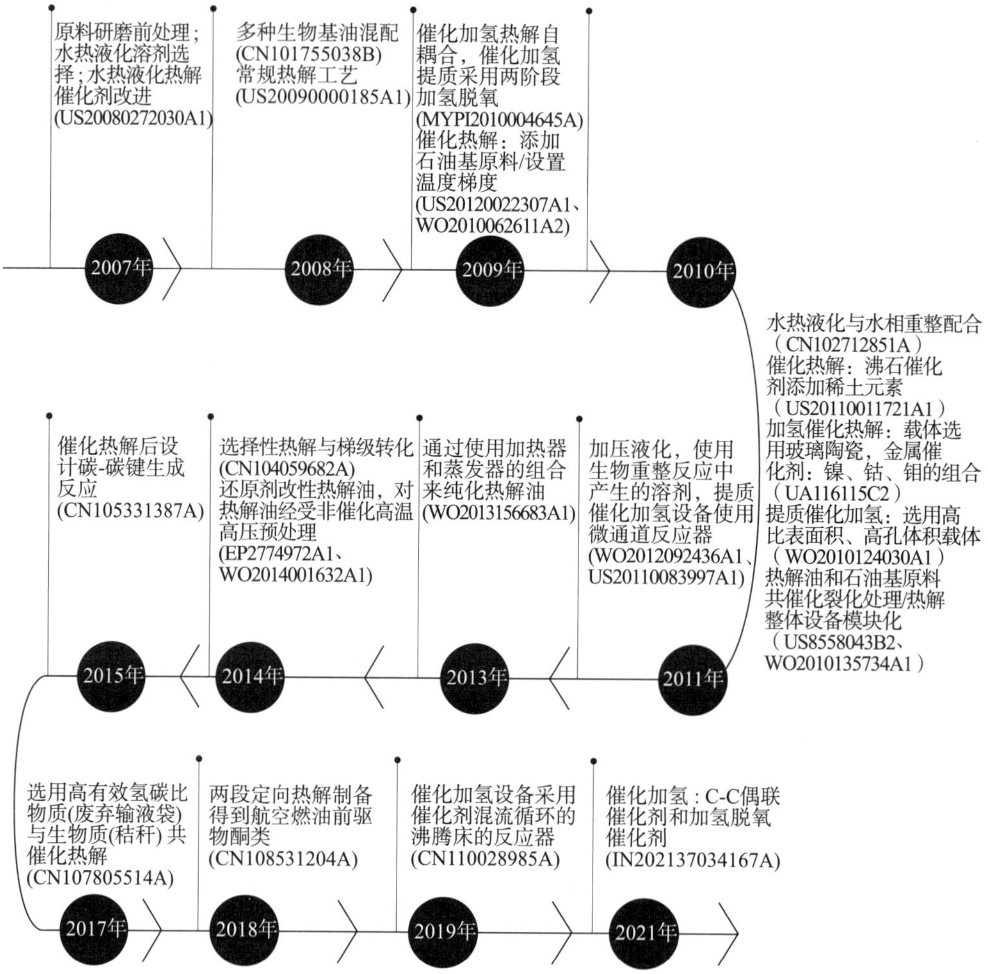

图 6-4-10　可持续航空燃料领域基于热解和加压液化的专利技术演进路线

对于催化加氢热解工艺，2009 年，UOP 和巴特勒迈合作的专利申请 MYPI2010004645A 公开了催化加氢热解提高收率，热解热源及自耦合工艺；2010 年，瓦斯技术申请的公开号为 UA116115C2 的专利，公开了加氢催化热解过程中载体选用玻璃陶瓷，金属催化剂采用 Ni、Co、Mo 的组合的技术方案。

对于催化热解工艺，2009 年，KiOR 公司首次提出了公开号为 US20120022307A1、WO2010062611A2 的专利申请，公开了催化热解工艺中添加石油基原料，加热过程中设置温度梯度的技术方案；2010 年，Gary E. Champagne 申请的公开号为 US20110011721A1 的专利，公开了催化热解过程中沸石催化剂添加稀土元素的技术方案，通用电气公司申请的公开号 CN102344821A 的专利公开了催化热解过渡金属催化剂；2011 年，Virginia Tech Intellectual Properties Inc 申请专利 US20110213188A1 公开了多种功能催化剂混合的技术方案，KiOR 公司申请的公开号为 US20120022307A1 的专利公开了催化热解工艺，通用电气公司申请的公开号为 CN102344821A 的专利公开了微波热源热解工艺；2013 年，三角研究院申请专利 WO2013134391A1 公开了金属氧化物包括氧化铁和另选的促进剂，促进剂选自氧化铬、氧化镍、氧化锰、氧化钴、氧化钼及其组合，酷星球能源公司和菲利浦 66 就催化热解螺旋钻反应器申请专利 US9493379B2、US20140073823A1；2015 年，北京化工大学和波音合作的专利申请 CN105331387A 公开了催化热解后设计碳－碳键生成反应；2017 年，南昌大学的专利申请 CN107805514A 公开了微波吸收床层的热传递和反应物料吸波双重加热效果，使反应物快速升到目标温度，大大缩短碳化时间，提高了富烃生物油的产率和品质，以提高收率。

对于加压液化工艺，2011 年，维仁特和 Randy D. Cortright、Qiao Ming、Woods Elizabeth 合作申请专利 WO2012092436A1，公开了加压液化，使用生物重整反应中产生的溶剂的技术方案。

对于催化缩合提质工艺，2007 年森林能源系统有限责任公司提出了公开号为 US20080272030A1 的专利申请，采用催化缩合金属催化剂的技术方案。

对于催化加氢提质工艺，2009 年，UOP 和巴特勒迈合作的专利申请 MYPI2010004645A 公开了加氢提质工艺中两阶段加氢脱氧工艺，英国石油公司的专利申请 US20110068047A1 公开了周期性添加热解油/热解油＋植物油的技术方案；2010 年，Brian Goodall、Alex Aravanis、Craig Behnke、Richard Cranford、Daniel Sajkowski 和蓝宝石能源公司的专利申请 WO2010124030A1 公开了提质催化加氢过程中选用高比表面积、高孔体积载体和催化加氢中采用镍、钼、钴、钨或其两种或更多种的组合金属催化剂的技术方案；Velocys 公司的专利申请 US20110083997A1 公开了提质催化加氢过程中选用金属催化剂镍、钼、钴、钨或其两种或更多种的组合，减少催化剂粒径的技术方案，埃克森美孚公司的专利申请 CN102471695A 公开了氢气来源可以为例如含有摩尔分数为 60% 或更少氢气的较低价值精炼厂料流；2012 年，中科院所和波音合作申请专利 CN102688770A，公开了介孔沸石载体的技术方案；壳牌公司就金属包裹载体的技术方案申请专利 EP2750795B1，壳牌公司就控制流化床床层流速工艺申请专利控制流化床床层流速；2013 年，Reg Synthetic Fuels' Llc 申请专利 US9328303B2 公开了添加烃稀释剂，采用发射频率连续可调的微波辅助加氢的技术方案；2014 年，芬欧汇川的专利申请 EP2774972A1 和 WO2014001632A1 公开了催化加氢前采用还原剂改性热解油，催化加氢前对热解油经受非催化高温高压预处理工艺；2016 年，壳牌公司的专利申请 WO2017089312A1 公开了催化加氢催化剂活性金属选择钌、铑、钯、锇、铱和铂；2021 年，挪威科技大学申请了专利 IN202137034167A，公开了催化加氢过程中添加 C－C 偶联催化剂和加氢脱氧催化剂的技术方案。

对于催化裂化提质工艺，2010年，KiOR公司申请专利WO2010135734A1公开了热解油和石油基原料的催化裂化处理；2012年，Ensyn Renewables Inc申请的专利US9109177B2公开了热解油和石油基原料的催化裂化处理；2014年，中国科学技术大学申请的专利CN105623702A公开了催化热解后亲电取代反应；2016年，酷星球能源公司申请专利WO2017011381A1公开了纳米沸石催化剂具有小于2微米的微晶尺寸，纳米沸石催化剂二氧化硅－氧化铝比在50～250范围内；2021年，耐思特的专利申请WO2022096782A1公开了催化裂化流出物再循环进料。

对于物理方法的提质工艺，2013年，芬欧汇川的专利申请WO2013156683A1公开了通过使用加热器和蒸发器的组合来纯化热解油；2017年，巴特勒迈的专利申请US20170209829A1公开了热解油经过膜分离及膜选用疏水性或亲水性介孔膜。

对于热解设备，2010年，KiOR公司的专利申请US8558043B2公开了热解整体设备模块化的技术方案。2011年，维仁特的专利申请US20110083997A1公开了提质催化加氢设备使用微通道反应器；红河航道委员会的专利申请US20120286209A1公开了热解反应器中设置砧座；KiOR公司的专利申请EP2658954A1提供后处理集成系统。2013年，南达科他州立大学申请了公开号为US20140073822A1的专利，公开了加氢催化热解反应器的技术方案；2019年，河南百优福生物能源有限公司、中国石化洛阳工程有限公司及上海华畅环保设备发展有限公司合作申请专利CN110028985A，公开了催化加氢设备采用催化剂全混流循环的沸腾床反应器。

对于后处理工艺，2008年能源与环境研究中心基金会（美国）于首次在中国布局了公开号为CN101755038B采用多种生物基油混配，提高加注比例的专利申请。

整体来看，基于热解和加压液化技术领域得到中外企业和科研院所全流程各个工艺步骤的研究，较先专利布局的申请人均为国外申请人且具有多流程布局的特点，如美国KiOR公司、UOP、Ensyn Renewables Inc和巴特勒迈，而中国申请人于2015年之后才有布局，起步较晚，主要集中在原料、热解工艺和设备的领域，在催化剂和提质工艺上仍处于空白位置。在规避侵权风险的基础上，参考比较成熟的工艺，在这个领域均能作出一定的贡献。

图6－4－11显示了基于热解和加压液化的专利技术法律情况，基于热解和加压液化专利技术中有关原料催化剂的有效专利较少，属于该技术领域的可突破方向。

对基于热解和加压液化专利技术研究过程中梳理了重点专利20项，包括风险专利5项、可参考专利10项以及热点专利5项。风险专利主要是国外申请人在我国进行的专利布局，且已被授权的有效专利，相关风险专利梳理如表6－4－1所示，主要涉及藻渣的水热液化处理、水热液化和水相重整的配合处理、加压液化所用溶剂的特殊选择、催化加氢时金属活性组分的改进、加氢催化热解催化剂结构的改进，及控制加氢催化热解流化床床层流速实现固体产物炭和催化剂的分离等；可参考专利为合享价值度较高，同族专利数、被引证次数较多的专利，相关可参考专利梳理如表6－4－2所示；热点专利为近五年主要申请人的专利，相关热点专利梳理如表6－4－3所示。我国科研工作者应当规避风险专利，借鉴可参考专利，关注热点专利，为科研工作服务。

	失效	有效	在审
原料	2007年 US20080272030A1 木质纤维素、生活废弃物原料种类 2011年 US20120047794A1 原料工艺 2011年 CN103370398A 原料工艺	2009年 US20120022307A1 原料工艺 2010年 WO2011073781A2 原料工艺 2012年 US9109177B2 木质纤维素及农林废弃物原料种类 2017年 CN107805514A 高有效氢碳比物质（废弃输液袋） 与生物质（秸秆）原料种类 2011年 CN102892866A 原料工艺 2012年 US9126173B2 原料工艺	
热解催化剂	2007年 US20080272030A1 水热液化金属催化剂 2010年 US20110011721A1 催化热解中采用沸石催化剂添加稀土元素 2010年 CN102344821A 催化热解过渡金属催化剂 2011年 US20110213188A1 多种功能催化剂混合 2013年 WO2013134391A1 金属氧化物包括氧化铁和另选的 促进剂，促进剂选自氧化铬、氧化镍、 氧化锰、氧化钴、氧化钼及其组合	2010年 CN102712851A 水热液化催化剂 2010年 UA116115C2 加氢热解催化剂	
热解工艺	2007年 US20080272030A1 水热液化优化溶剂种类 2008年 US20090000185A1 常规热解工艺 2011年 CN102344821A 微波热源热解工艺 2011年 WO2012092436A1 加压液化 2013年 US9493379B2 催化热解螺旋钻反应器 2013年 US20140073822A1 加氢催化热解反应器	2009年 US20120022307A1 催化热解工艺 2010年 UA116115C2 催化加氢热解过程加入脱氧剂 2010年 CN102712851A 水热液化与水相重整配合 2010年 US8558043B2 整体设备模块化 2011年 US20120022307A1 催化热解工艺 2011年 CN107805514A 微波吸收床层的热传递和反应 物料吸波双重热解工艺 2011年 US20120286209A1 热解反应器中设置砧座 2012年 US9109177B2 快速热解 2013年 US20130331623A1 水热液化工艺 2013年 US20140275296A1 低分子产物热解工艺 2013年 US9493379B2 热解产物处理 2014年 CN104059682A 选择性热解与梯级转化 2015年 CN106635195B 常规热解工艺 2018年 CN108531204A 两段定向热解 2019年 CN110451753A 常规热解	2009年 MYPI2010004645 催化加氢热解
提质催化剂	2007年 US20080272030A1 催化缩合金属催化剂 2010年 WO2010124030A1 Ni、Mo、Co、W或其两 种或更多种的组合金属催化剂和选用 高比表面积、高孔体积载体流 2010年 CN102471695A 水煤气转化催化剂和/或废加氢 处理催化剂 2010年 US20110083997A1 催化剂的制备方法：减少催化剂粒径 2012年 CN102688770A 介孔沸石载体 2016年 WO2017089312A1 催化加氢催化剂活性金属选择 钌、铑、钯、锇、铱和铂 2016年 WO2017011381A1 催化裂化：纳米沸石催化剂具有小于 2微米的微晶尺寸，纳米沸石催化剂 二氧化硅-氧化铝比在50至250范围内	2012年 EP2750795B1 金属包裹载体	2021年 IN202137034167A C-C偶联催化剂和 加氢脱氧催化剂
提质工艺	2007年 US20080272030A1 催化缩合 2009年 US20110068047A1 周期性添加热解油/ 热解油+植物油 2010年 CN102471695A 氢气来源可以为例如含有摩尔分数为 60%或更少氢气的较低价值精炼厂料流 2010年 WO2010135734A1 催化裂化： 热解油和石油基原料的催化裂化处理 2013年 WO2013156683A1 通过使用加热器和蒸发器的组合 来纯化热解油 2011年 US20110083997A1 催化加氢使用微通道反应器 2011年 WO2012066263A2 催化加氢设备置多个串联排列的催化床 2013年 WO2014031776A2 催化集成提质系统	2009年 MYPI2010004645A 两阶段加氢脱氧 2012年 EP2750795B1 控制流化床床层流速 2013年 US9328303B2 添加烃稀释剂，采用发射频率 连续可调的微波辅助加氢 2014年 EP2774972A1/WO2014001632A1 催化加氢前采用还原剂改性热解油， 非催化高温高压预处理 2012年 US9109177B2 热解油和石油基原料的催化裂化处理 2021年 WO2022096782A1 催化裂化流出物再循环进料 2015年 CN105331387A 催化热解后设计碳-碳键生成反应 2014年 CN105623702A 亲电取代反应 2017年 US20170209829A1 热解油经过膜分离及膜选用 疏水性或亲水性介孔膜 2011年 EP2658954A1 提供后处理集成系统 2019年 CN110028985A 催化加氢设备采用催化剂全混 流循环的沸腾床反应器	

图6-4-11　可持续航空燃料领域基于热解和加压液化的专利技术法律情况

表6-4-1 基于热解和加压液化的技术风险专利

公开（公告）号	申请人	申请日	发明名称	技术要点	布局国家或地区
CN102892866B	UOP	2011-05-10	由藻类生物质生产烃产物的方法	在氢解催化剂存在下在氢气气氛中在升高的温度和压力下液化整个藻类生物质、残余藻类生物质或二者以生产包含部分脱氧脂质基油的有机相、水相和固相	WO/CN/NZ/BR/EP/US/AU/SG/IN
CN102712851B	壳牌公司	2010-12-20	生物基原料的直接水相重整	水热液化与水相重整配合处理生物质原料，以提高热解油的稳定性及提高收率	WO/AU/CN/BR/CA/EP/PL/IN/BR
CN103298770B	维仁特	2011-12-29	有机催化降解生物质	加压液化时使用生物重整反应中产生的溶剂以减少现有昂贵的溶剂的使用	CA/WO/MY/CN/EP/CA/IN/BR/KR/IN
CN108350365B	壳牌公司	2016-11-21	生物质向液态烃材料的转化	催化加氢催化剂活性金属选择钌、铑、钯、锇、铱和铂以降低芳香烃含量	MY/AU/BR/WO/CN/US/IN/CA/EP
CN103930204B	壳牌公司	2012-11-12	用于制备烃的催化剂	加氢催化热解催化剂结构为蛋壳型，活性金属组分位于载体的外部；控制加氢催化热解流化床床层流速实现固体产物炭和催化剂的分离以延长催化剂寿命	WO/AR/CA/NZ/CN/IN/BR/EP/DK

表6-4-2 基于热解和加压液化的技术可参考专利

公开（公告）号	申请人	申请日	发明名称	技术要点	布局国家或地区
WO2010124030A1	Sapphire Energy Inc	2010-04-21	制备油组合物的方法	选用高比表面积、高孔体积载体，优化催化剂寿命和成本效应	WO/CA/IN/SG/EP/MX/AU/EP/CN

续表

公开（公告）号	申请人	申请日	发明名称	技术要点	布局国家或地区
US20090000185A1	Energy and Environmental Research Center Foundation	2008-06-27	来自独立生产的混合物料的航空级煤油	多种生物质油混配后处理工艺提高加注比例	RU/ZA/KR/CA/EP/CN/BR/JP/US/WO/AU
US20110083997A1	Laura J. Silva、Anna Lee Tonkovich、Leviness Stephen Claude、Jarosch Kai Tod Paul、Rode Edward	2010-10-11	重油处理工艺	催化加氢使用微通道反应器；减少催化剂粒径改善内部催化剂位点的有效利用；加氢处理催化剂可包含镍、钼、钴、钨或其两种或更多种的组合	WO/US
US20120047794A1	Robert Bartek、Brady. Michael、Stamires. Dennis、KiOR公司	2011-03-10	生物质预处理，快速热解成液体	脱除生物质原料中矿物质减轻更换或再生催化剂的需要；添加无机材料以增加有机液体产物的热解产率，无机材料选自由硫酸铝、氢氧化铵、氢氧化镁以及前述物质的任意组合	EP/WO/US/IN/BR/DK/CA/CN
WO2010135734A1	Kior公司、Robert Bartek、Steve、Yanik、Paul O′connor	2010-05-24	用氢源处理生物质	生物基热解油和石油基原料的催化裂化共处理	CN/WO/CA/EP
US20110011721A1	Gary E. Champagne	2010-07-16	真空热解气化和液化从生物质生产液体和气体燃料	热解用沸石催化剂添加一种或多种稀土元素赋予沸石热稳定性，并提高生物燃料输出产品中轻质液体燃料的含量	US

续表

公开（公告）号	申请人	申请日	发明名称	技术要点	布局国家或地区
US20120286209A1	Michael Cheiky、Ronald A. Sills	2011-05-09	一种提高生物质导热系数的生物质分馏方法	热解反应器中设置砧座对原料施加压力冲击以提高收率	WO/US
US9493379B2	酷星球能源公司	2013-03-12	土壤改良剂用生物炭的生物活化方法	热解产生的挥发性气体制备得到可燃燃料如喷气燃料，制备得到的可螯合碳用于制备土壤改良剂	US
US20120022307A1	Steve Yanik、Paul O'connor、Robert Bartek	2009-06-29	在常规炼油工艺装置中共处理固体生物质	搅拌预处理使得原料与催化剂混匀，促进催化转化；生物基原料与石油基原料共热解	US
WO2013156683A1	Upm Kymmene Corporation	2013-04-17	提纯生物基原料的方法	通过使用加热器和蒸发器的组合来纯化热解油	US/RU/CA/UY/WO/FI/EP

表6-4-3　基于热解和加压液化的技术热点专利

公开（公告）号	申请人	申请日	发明名称	技术要点	布局国家或地区
CN108531204A	江苏大学	2018-05-04	两段式生物质定向热解制备酮类化合物的装置与方法	可再生的生物质在热解反应器中热解生成多组分热解气，热解气进入催化反应器中经过定向选择性催化最终制得酮类化合物	CN
CN110451753A	中国科学院过程工程研究所	2019-07-30	一种危险固废油泥的处理方	热解过程添加部分水分或蒸汽调控热解反应	CN

续表

公开（公告）号	申请人	申请日	发明名称	技术要点	布局国家或地区
IN202137034167A	Norwegian University Of Science Andtechnology Ntnu、Sintef As、Quantafuel Asa	2021－07－29	一种从生物质制备生物燃料的方法	反应器内容纳C－C偶联催化剂和加氢脱氧催化剂以提高收率及优化组分	WO/IN/GB
WO2022096782A1	Neste Oyj	2021－10－29	制造生物基烃和生物汽油组合物的方法	催化裂化流出物再循环进料以优化组分、延长催化剂寿命	WO/FI
CN110028985A	河南百优福生物能源有限公司、中石化洛阳工程有限公司、上海华畅环保设备发展有限公司	2019－04－26	一种生物质热解液制备高质燃油和/或化工原料的方法	催化加氢设备采用催化剂全混流循环的沸腾床反应器	CN

第7章　重点申请人专利分析

7.1　壳牌公司

壳牌公司是目前世界上最大的生物燃料混合和分销商之一，2020 年共混合销售 95 亿升生物燃料。壳牌公司运营 4 家生物燃料公司，拥有全球第一家二代生物乙醇厂和全球第四大可再生天然气装置，2019 年以甘蔗为原料生产生物乙醇 25 亿升、以纤维素为原料累计生产二代生物乙醇 5500 万升，收购 Biosev 公司后，生物乙醇产能可达 37.5 亿升/年，约占全球产量的 3%；据 IASC 航空产业链的相关报道，世界最大石油交易商之一的壳牌公司表示，到 2025 年其可持续航空燃料产能将达到 200 万吨，比 2019 年全球总产量还多 10 倍，占到该公司航空燃料销售额的 10% 以上。可见，壳牌公司作为可持续航空燃料专利的主要申请人，在技术上和产业上都具有一定的先发优势。通过对壳牌公司的相关专利分析，有助于了解产业最新技术，重点申请人的布局重点。

7.1.1　专利申请趋势分析

本次分析的专利数量中，同族专利按照一条统计。壳牌公司的专利申请中，可持续航空燃料相关的专利共计 1349 件，285 项专利同族。从申请趋势来看（参见图 7－1－1），其与全球专利申请趋势整体趋同，从 2008 年开始，每年专利申请量开始快速增长，源于在 2008 年以欧盟就开始考虑航空领域碳税的征收问题。专利申请量在 2013 年前后达到顶峰，之后开始下滑。2016 年 10 月，国际民航组织第 39 届大会通过了具有历史意义的国际航空碳抵消和减排计划，形成了第一个全球性行业减排市场机

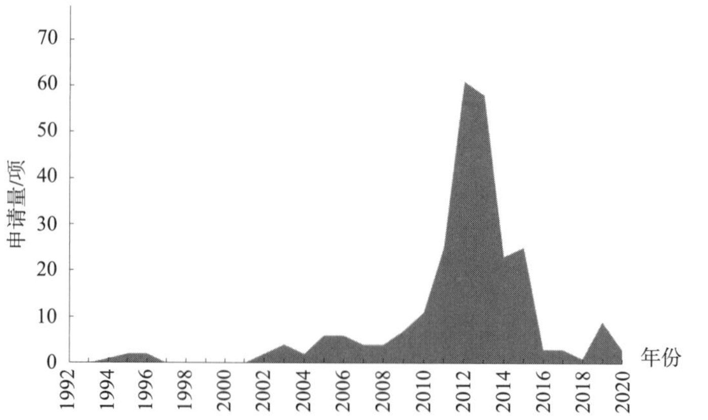

图 7－1－1　壳牌公司可持续航空燃料相关专利申请趋势

制，航空业也由此成为世界上第一个由各国政府协定实施全球碳中和增长措施的行业。因此，2018～2019年有短暂的增长。2019年之后，受新冠疫情影响以及专利申请公开滞后的影响，可持续航空燃料专利申请量增长的趋势也有所减缓。

7.1.2 全球专利布局区域分析

壳牌公司的相关专利申请在全球的主要国家或地区分布参见图7-1-2。由图中可见，美国、巴西、欧洲及中国是壳牌公司的主要市场，专利申请数量都在100件以上，还包括图中未体现的其他国家申请253件。值得注意的是，在中国的116件专利申请中，有69.0%的专利已失效，有效专利为22.4%，在审专利为8.6%。

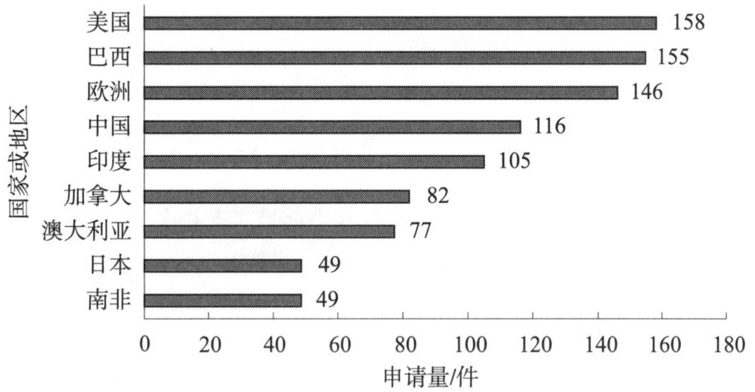

图7-1-2 壳牌公司可持续航空燃料相关专利全球主要国家或地区布局

7.1.3 专利技术分布

如图7-1-3所示，在壳牌公司的全球申请中，涉及可持续航空燃料制备工艺的相关专利197项，其中3项专利既涉及标准工艺，又涉及非标准工艺（将其计入标准工艺进行占比统计），涉及燃油组分的相关专利88项，相关组分或者添加剂也可适用于可持续航空燃油。

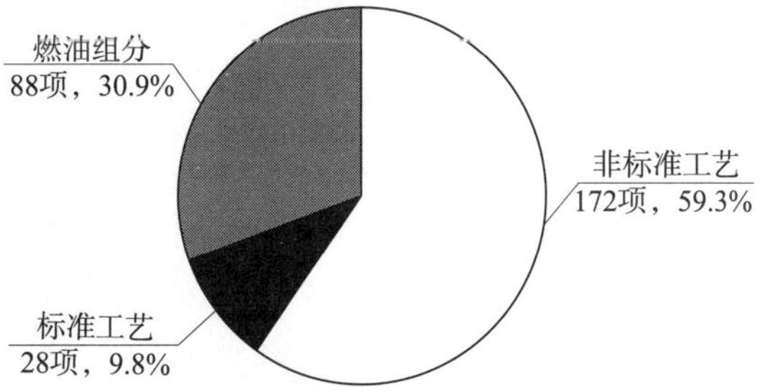

图7-1-3 壳牌公司可持续航空燃料相关专利技术分布

在制备方法相关专利中，涉及标准相关方法的专利包括生物发酵技术4项，油制喷气燃料技术5项，气化-FT 19项；在非标准相关方法中（参见图7-1-4），涉及

RCF 技术 1 项，热解及加压液化技术 18 项，纤维素解聚及碳链加长技术 136 项及其他技术 17 项。由图 7－1－4 可以看出，壳牌公司的主要技术方向是纤维素解聚及碳链加长，在其他技术方面布局较少。借助于壳牌公司生产纤维素乙醇的技术及产业先发优势，其在此基础上又布局了大量纤维素来源生产航空燃料的相关专利，以期为下一步的市场化做好准备。

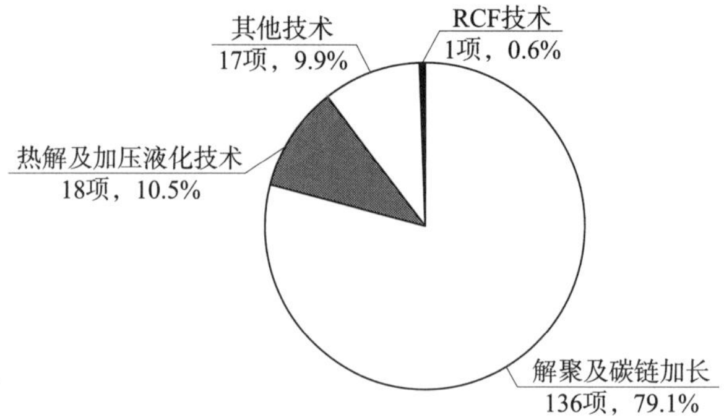

图 7－1－4　壳牌公司可持续航空燃料非标准工艺相关专利技术分布

注：因数据修约所致，加和不等于 100%，以后类似情况不再赘述。

从上述分析可以看出，解聚及碳链加长、气化－FT 以及热解及加压液化是壳牌公司的主要技术分支（参见图 7－1－5）。在这三个技术分支中，气化－FT 分支的申请时间较早，近年来已经几乎没有相关申请；对于热解及加压液化技术分支，壳牌公司早在 20 世纪 90 年代就布局了相关的技术，在 2011～2016 年又布局了一定数量的申请，在 2016 年之后未再进行布局；作为申请数量最多的解聚及碳链加长技术分支，壳牌公司自 2008 年开始申请，之后每年申请数量迅速增长，在 2012 年和 2013 年达到顶峰，自 2014 年开始，由于没有较大的技术突破，且解聚及碳链加长工艺的产业化尚不成熟，相关专利的申请量逐年降低。但从前文分析可知，壳牌公司仍是解聚及碳链加长工艺相关专利申请量最多的申请人，技术布局全面，申请较早，专利质量较高。

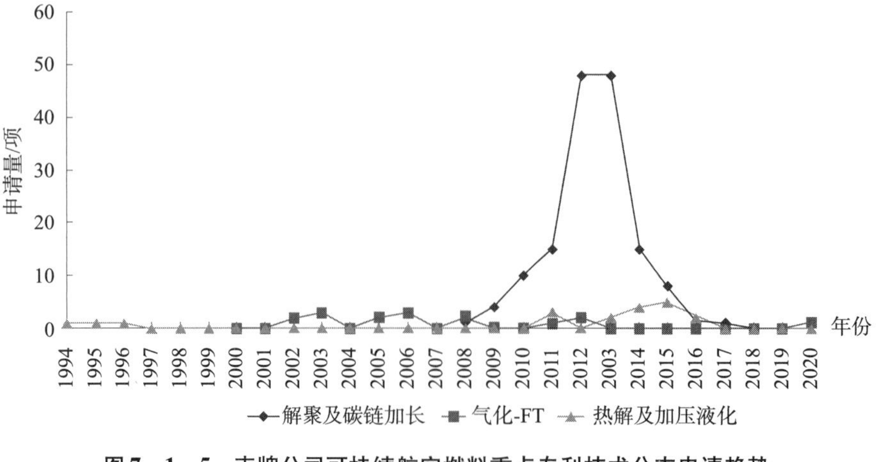

图 7－1－5　壳牌公司可持续航空燃料重点专利技术分支申请趋势

壳牌公司的纤维素解聚及碳链加长技术专利有549件（参见图7－1－6），同族合并后共计139项。在市场分布中，其在中国的专利申请量仅次于在巴西和欧洲市场。一方面说明壳牌公司对该技术的重视，另一方面说明该技术在中国市场有一定的保护必要性。值得注意的是，关于解聚及碳链加长技术，壳牌公司在中国申请66件，但有80%的专利失效。我国企业可以关注其中的关键技术，作为自身的技术储备。

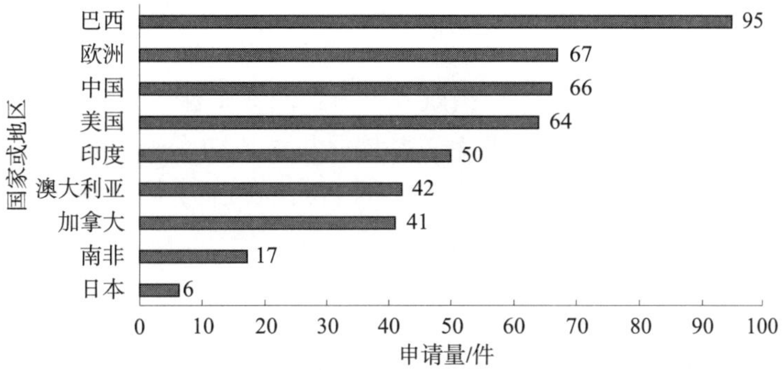

图7－1－6　壳牌公司解聚及碳链加长技术专利主要地域分布

对壳牌公司的纤维素解聚及碳链加长相关的139项专利进行重点分析，发现其技术主要涉及纤维素的解聚过程，包括纤维素的预处理、解聚催化剂的选用、解聚条件的选择、解聚产物的处理、缩合催化剂选用及缩合条件选择等，而且，上述技术呈现整体的关联性，即每项专利中均会涉及上述多个技术要点。图7－1－7列举了相关专利涉及的技术要点，以期为研发人员提供参考。

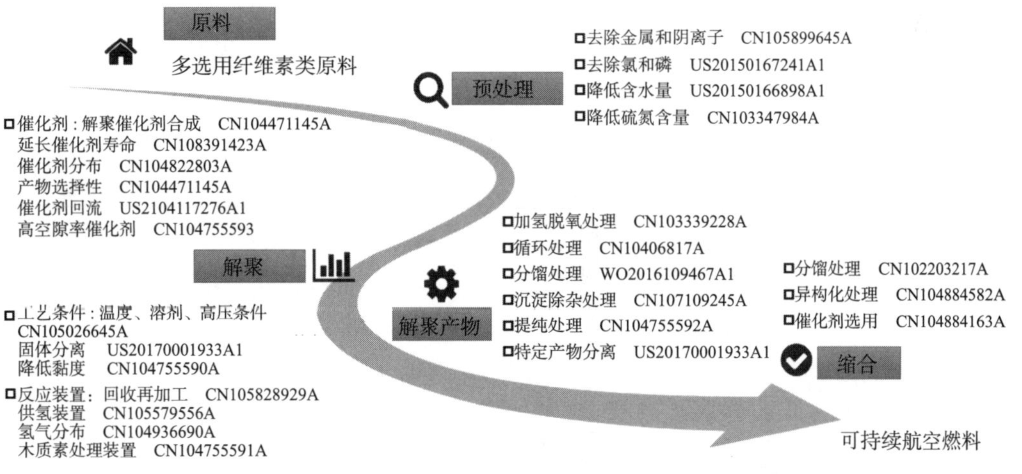

图7－1－7　壳牌公司解聚及碳链加长工艺专利技术路线

7.2　UOP

UOP是当今世界上炼油、石油化工和天然气处理工业最主要的工艺技术供应商之一，以发放技术许可的方式进行技术转移。其工艺技术在石油炼制、石油化工、气体加工以及化工领域内享有盛誉，是世界上炼油与石化工业重要的催化剂供应商之一，也是最大的分子筛生产商和供应商。

UOP被霍尼韦尔收购之后，UOP和埃尼共同开发Ecofining工艺，可将非食用天然油和动物脂肪转化为比生物柴油和石油基柴油性能更好的绿色柴油。目前，Ecofining工艺应用于世界上大多数从100%生物原料生产可再生柴油的装置，以及所有获得授权的可再生航空燃料生产。

在中国，早在2011年10月，由国航、中国石油、波音和UOP共同合作，中国首次航空可持续生物燃料验证飞行在北京首都国际机场成功实施。此次试飞中使用的源自麻风树的绿色航空燃料以50：50的比例与产自石油的航空燃料混合，为执行试飞的波音747－400型飞机的一个引擎提供动力。

中国企业东华能源与UOP在广东茂名签署战略合作协议，双方将在茂名建设年产量达100万吨的可持续航空燃料生产基地。项目分两期建设，建造两套以厨余油和动物脂肪为主要原料的生产装置。

除了常规的油脂加氢工艺之外，UOP还在醇制喷气燃料、生物质热解油、生物质发酵、费托工艺等方面有专利布局，结合专利布局的时间来看，基本早于上述工艺被纳入ASTM D7566标准中的时间，可以看出UOP具有较强的研发实力和专利意识。

7.2.1 专利申请趋势分析

UOP在全球申请可持续航空燃料相关专利共计82项。从申请趋势上来看（参见图7－2－1），从2008年开始，UOP开始布局可持续航空燃料的相关申请，2013年申请量最高，之后，申请量有所减少。2021年，UOP的油脂加氢工艺得到了全球各地企业的认可，其继续申请油脂加氢相关的专利，主要关注气体流中硫化氢的高效循环利用，以及更优异性能的加氢脱氧和加氢异构工艺。

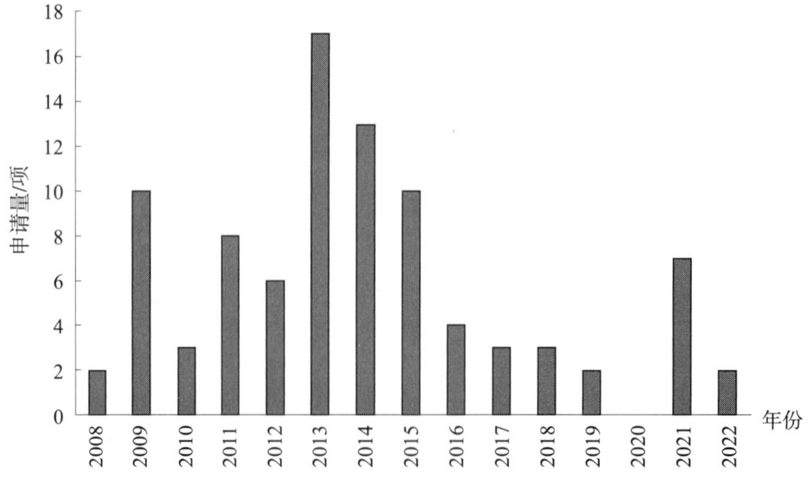

图7－2－1　UOP可持续航空燃料相关专利申请趋势

7.2.2　全球专利布局区域分析

UOP 的可持续航空燃料相关专利申请在全球的主要国家或地区分布参见图 7－2－2。由图可见，美国、欧洲、印度、巴西及中国是 UOP 的主要市场。结合 UOP 在全球各地授权许可 Ecofining 工艺生产可持续航空燃料的市场行为，UOP 的专利申请数量虽然不多，但申请质量较好，尤其是我国企业中国石化已经开始了油脂加氢工艺的工业化生产，应注重其在中国布局的重点专利。

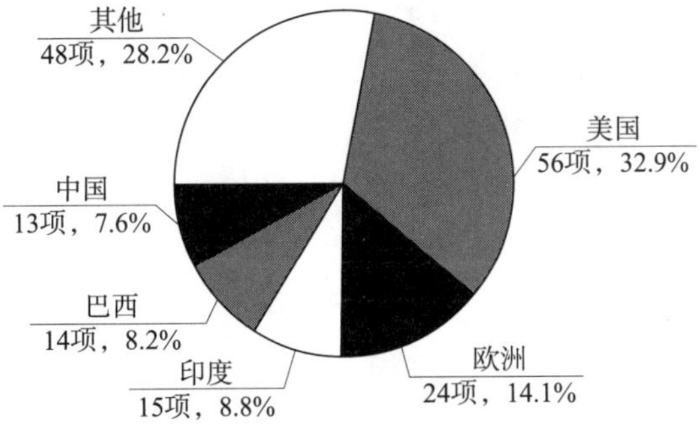

图 7－2－2　UOP 可持续航空燃料相关专利全球主要国家或地区分布

7.2.3　专利技术分布

对 UOP 可持续航空燃料全球申请的技术分布进行分析（参见图 7－2－3），发现其 82 项申请中，有 66 项均是关于油脂加氢工艺，这与其在产业上的布局也互相印证；在其他申请中包括醇制喷气燃料工艺相关申请 10 项，热解生物油工艺 5 项，发酵和费托工艺各 1 项，由图可以看出，UOP 的技术分布呈现出明显的特点，重点布局在油脂加氢技术和醇制喷气燃料技术，而且大部分专利的主题涉及 ASTM D7566 标准中的相关工艺，这也充分说明 UOP 在产业上具有较好的前瞻性。

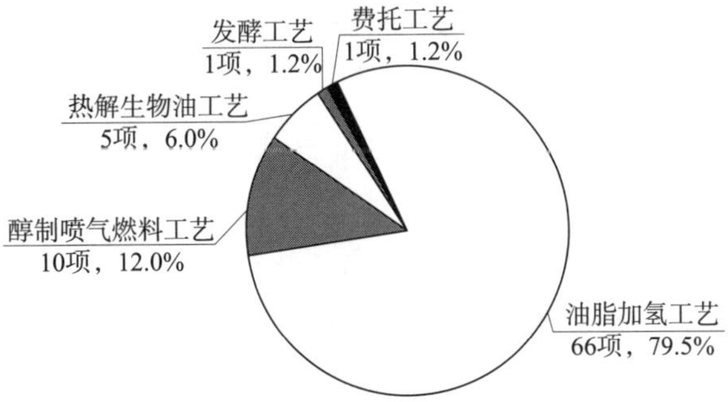

图 7－2－3　UOP 可持续航空燃料相关专利技术分布

7.2.4　油脂加氢工艺相关专利分析

对 UOP 涉及油脂加氢工艺的相关专利进行进一步分析，发现相关专利不仅涉及常规油脂加氢技术中的加氢脱氧、加氢异构、裂解、催化剂、氢气供应等技术，还涉及藻油原料的处理、常规炼油设备改造、油脂加氢与烷基苯联产工艺、反应器的材料、反应设备的耐腐蚀处理以及生物燃料的测试等技术主题，为油脂加氢工艺的工业化生产提供了全套的解决方案。关于 UOP 油脂加氢工艺相关专利的申请路线参见本报告第 6.1.6.1 节的相关内容。

对 UOP 油脂加氢工艺相关专利全球主要国家或地区分布进行分析，由图 7－2－4 可以看出，其在中国仍有较高数量的布局。这是因为我国企业中国石化早在 2011 年就有相关的专利布局，而且镇海炼化的年产 10 万吨可持续航空燃料的生产装置已经开始运行，该套生产装置正是采用油脂加氢工艺。UOP 从市场规模和竞争对手的角度考虑，早在 2008 年就开始在中国布局相关专利。

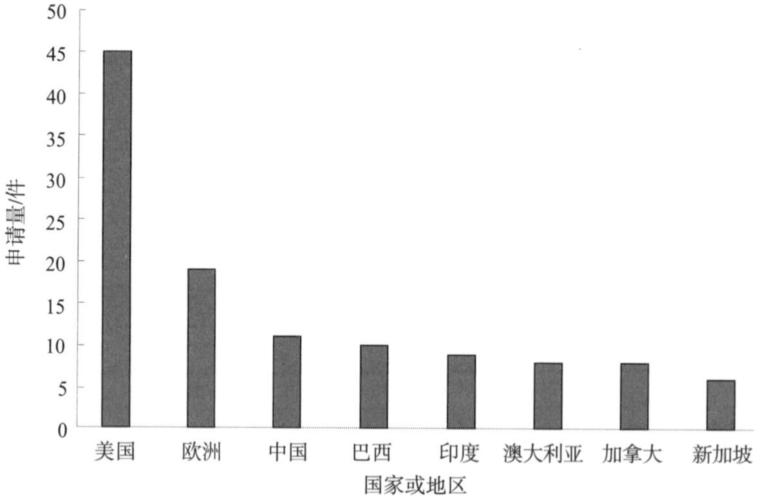

图 7－2－4　UOP 可持续航空燃料油脂加氢工艺相关专利全球主要国家或地区分布

进一步对 UOP 在中国布局的 11 件油脂加氢工艺相关专利进行分析，其中，有 5 件是有效专利，相关专利的具体内容如下。

专利 CN102027096B：2009 年申请，公开了用于控制由可再生原料，如植物油和动物油同时生产柴油范围烃和航空范围烃二者的方法。该方法包括确定期望产物的所需规格以及仍满足所述规格的产物期望的相对产率。

专利 CN102027098B：2009 年申请，公开了一种从可再生原料，诸如植物油和动物油中制备柴油沸程产物和航空沸程产物的方法。该方法包括，通过氢化和脱氧将可再生原料进行处理来提供烃类馏分，其然后进行异构化和选择性裂化来形成柴油沸程产物和航空沸程产物。一部分柴油沸程产物、航空沸程产物、石脑油产物、LPG 或者它们的任何组合，可任选地在选择性热高压氢气汽提器用作精馏剂，来减少汽提器塔顶馏出物流中携带的产物量。

专利 CN102892866B：2011 年申请，公开了由藻类生物质生产烃油的方法。在足以生产部分脱氧脂质基油的反应条件下氢解藻类生物质。该藻类生物质可以为整个藻类生物质、残余藻类生物质或二者。通过使藻类生物质在氢解催化剂存在下在氢气气氛中于升高的温度和压力下液化以产生含有部分脱氧脂质基油的有机相、水相和固相而使藻类生物质氢解。可以从部分脱氧脂质基油中除去水相和固相。随后，利用加氢处理催化剂将该部分脱氧脂质基油充分脱氧以生产烃油。

专利 CN103890144B：2011 年申请，主要公开了用于处理烃料流的方法和设备，所述方法包括使烃料流流过烃处理容器，将烃处理容器的一部分加热至预定温度和预定时间量，和控制烃处理容器的一部分内表面的敏化和氯化物应力腐蚀裂开。值得注意的是，该件专利被许可给了浙江华泓新材料有限公司，该公司主要生产相关化学品，对反应容器防腐蚀的技术需求较大。

专利 CN103827270B：2012 年申请，公开了由天然油共制备直链烷基苯和生物燃料的方法的实施方案。一种方法包括使天然油脱氧以形成烷烃的步骤。使烷烃的第一部分氢化裂解以形成正和轻度支化 $C_9 \sim C_{14}$ 烷烃的第一料流和异烷烃的第二料流，使第一料流脱氢以得到单烯烃。随后，在烷基化条件下用单烯烃使苯烷基化以得到包含烷基苯和苯的烷基化流出物。此后，分离烷基苯以得到烷基苯产物。处理烷烃的第二部分和异烷烃以形成生物燃料。

上述申请主要涉及生物柴油和生物航空燃料的联产，藻油的加氢脱氧，反应器的防腐蚀处理以及烷基苯和生物航空燃料的联产，通过对上述授权申请的独立权利要求进行分析可以看出，相关申请的权利要求保护范围概括的较大，我国企业在进行生产时应当关注其权利要求的技术方案，降低侵权风险。结合中国石化的相关专利可以看出，中国石化的专利布局点主要在于加氢脱氧工艺、加氢异构催化剂、以及异构后产物的后处理，由于油脂加氢的工艺相对比较成熟，中国石化并未布局相关的基础性专利，其生产具有一定的专利风险。

不过值得注意的是，UOP 的 6 件失效专利中包含保护范围更大的油脂加氢基础性专利，例如专利 CN102027097A（由可再生原料生产航空燃料），其权利要求限定了：一种从可再生原料生产烃产物流的方法，所述烃产物流包含沸点在航空燃料范围内的烃，所述方法包括：① 在氢气的存在下和在反应条件下，通过使可再生原料与多功能催化剂或具有氢化、脱氧、异构化和选择性加氢裂化功能的一组催化剂接触，在反应区中使可再生原料氢化、脱氧、异构化和选择性加氢裂化，提供包含水、碳氧化物、轻质烃气体、氢气和链烷烃的反应排出物；② 将水、碳氧化物、轻质烃气体和氢气从反应排出物中分离产生包含链烷烃的液流；③ 将包含链烷烃的料流分离产生包含沸点在航空燃料范围内的烃产物；包含石脑油的塔顶馏出物料流；和包含沸点高于航空燃料沸点范围的组分的底部料流；以及④ 回收烃产物流。

上述申请被驳回后经过复审，仍被认定为没有创造性。审查员选用的对比文件为 EP1396531A2，用于生产一种生物来源的烃组分的方法，该专利正是耐斯特于 2003 年申请的专利，该专利在欧洲经过无效和异议后仍保持有效，是一项重要的基础性专利，不过其在中国并无同族专利申请。

7.3 中国石化

中国石化是中国最大的成品油和石化产品供应商、第二大油气生产商，是世界第一大炼油公司、第二大化工公司，加油站总数位居世界第二，在2021年《财富》世界500强企业中排名第五位。

7.3.1 专利申请趋势分析

在分析的专利数量中，同族专利按照一条统计，中国石化的专利申请中可持续航空燃料相关的专利为209项，图7-3-1显示了中国石化可持续航料专利申请趋势。从2010年开始，专利申请快速增长，这源于2010年，国家发展和改革委员会、财政部联合发布碳税专题报告，该报告指出中国推出碳税比较合适的时间是2012年前后，且应先针对企业征收暂不针对个人。在这份中国碳税税制框架设计中，提出了中国碳税制度的实施框架，包括碳税与相关税种的功能定位、中国开征碳税的实施路线图以及相关的配套措施建议。从图中可以看出，经过6年的积累，中国石化在2012年申请量达到了顶峰，随后一直处于每年10项以上的申请态势，尽管2019年全球新冠疫情暴发，但对其专利申请量并未产生显著影响，这说明中国石化一直重视可持续航空燃料领域的研究。

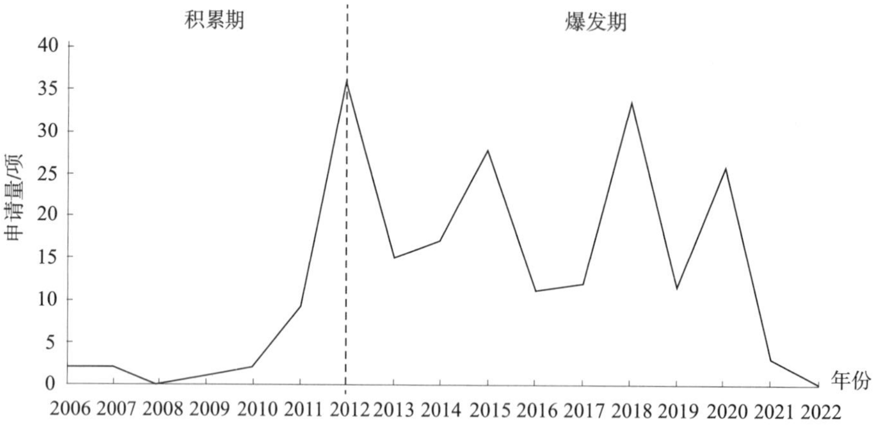

图7-3-1 中国石化可持续航空燃料相关专利申请趋势

7.3.2 全球专利布局分析

中国石化的相关专利申请在全球的主要国家或地区分布参见图7-3-2。由图可见，中国是中国石化主要的市场，数量超过200项，此外，在美国、加拿大、印度、韩国、日本有少量的专利布局，主要涉及可持续航空燃料的催化剂以及油的精制。从这可以看出，中国石化要想“走出去”，还有很长的路要走。

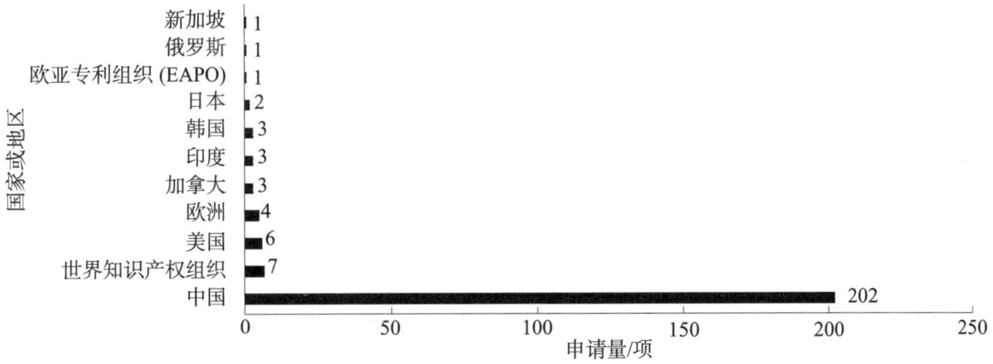

图 7-3-2 中国石化可持续航空燃料相关专利申请全球主要国家或地区布局

7.3.3 中国专利当前法律状态

图 7-3-3 显示了中国石化可持续航空燃料中国专利当前法律状态，其授权率在 79.2%，驳回率为 3.5%，说明中国石化的专利申请质量很高，而其视撤率仅为 0.5%，说明中国石化专利保护意识很强。此外，有 16.3% 的专利处于实质审查中。

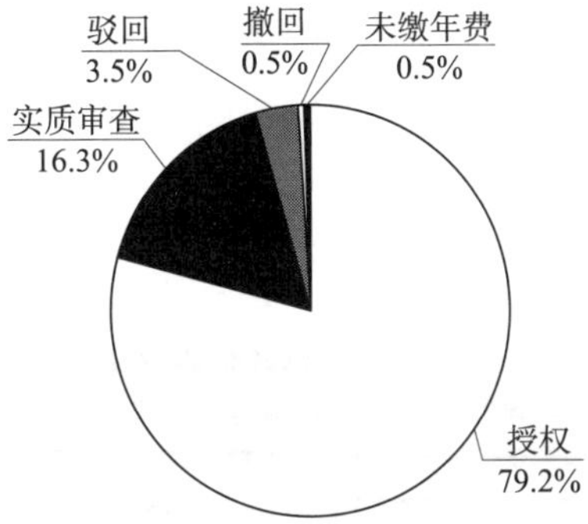

图 7-3-3 中国石化可持续航空燃料中国专利申请当前法律状态

7.3.4 专利有效性

图 7-3-4 显示了中国石化可持续航空燃料中国专利有效性，其有效专利占比为 79%，说明已获得实质性保护的专利占 79%；失效专利占比为 5%，说明这 5% 的专利已经失去了专利权的保护；此外，还有 16% 的专利目前处于审查过程中。

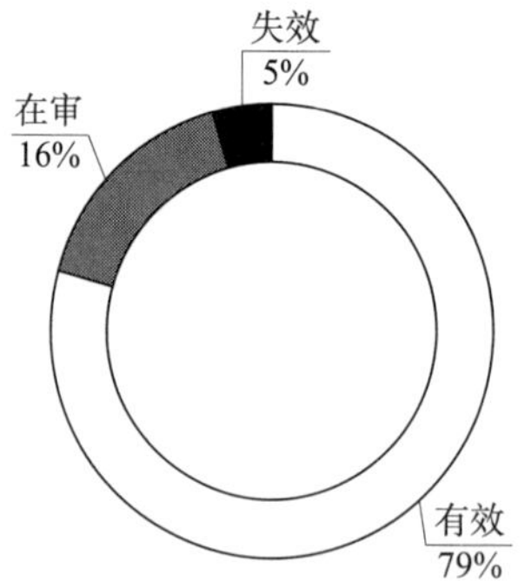

图7-3-4　中国石化可持续航空燃料中国专利有效性

7.3.5　主要发明人

图7-3-5显示了中国石化可持续航空燃料主要发明人专利申请量排名。由图中可以看出，吴子明和王仲义以26项专利申请并列第一，吴子明和王仲义均来自大连化工研究院，其中，吴子明是中国石化大连石油化工研究院专家、研究员。自1999年从天津大学毕业后，吴子明一直从事炼油加氢裂化工艺技术开发及工业应用工作，主持、参与十多项国家及中国石化重点课题开发，负责制订了国内二十多套新建加氢裂化装置设计方案，指导了百余套（次）加氢裂化装置开工或试车工作。由他负责提供技术方案的加氢裂化装置，产能累计增加5500万吨/年以上，超过国内同期产能增加的50%，为我国开发具有自主知识产权、可以适应不同市场需求的成套加氢裂化技术作出了积极贡献。来自中国石化石油化工科学研究院的郭庆洲、毕云飞分别排名第三、第四位。

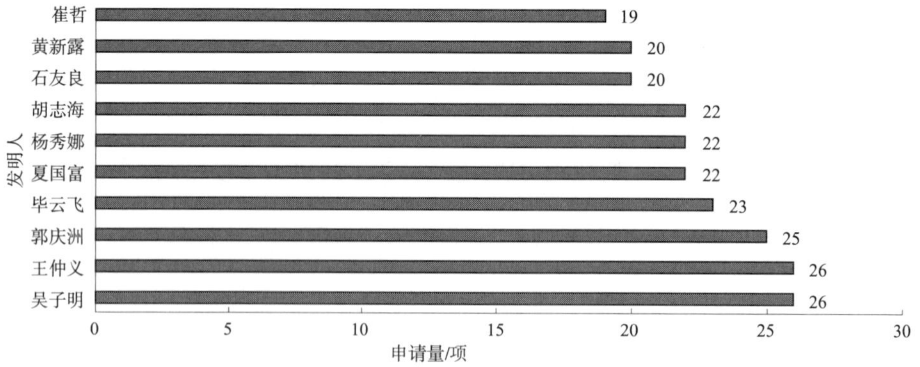

图7-3-5　中国石化可持续航空燃料主要发明人专利申请量排名

7.3.6　专利技术主题分布

图7-3-6显示了中国石化可持续航空燃料相关专利技术主题分布，其中工艺的

研究最多，占到31%，中国石化具有比较成熟的加氢技术，其次是航油组合物和添加剂占21%，自主研发的催化剂体系进一步降低了生物航油的生产成本。

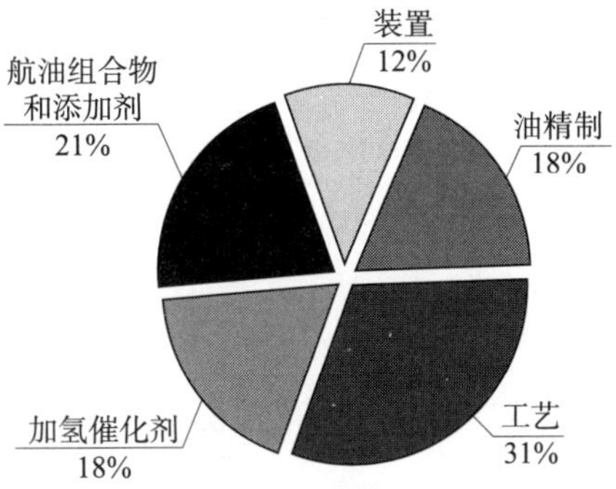

图7-3-6 中国石化可持续航空燃料相关专利技术主题分布

7.3.7 专利工艺路线分布

图7-3-7显示了中国石化可持续航空燃料相关专利工艺路线分布。从图中可以看出，中国石化主要布局的是油脂加氢路线，前面已经介绍到中国石化以餐饮废油为原料通过油脂加氢工艺路线制备的生物航油已经实现了市场化，其次是解聚和费托合成工艺，这两条工艺路线目前还处于实验室研究阶段，在基于热解和加压液化的技术以及醇制喷气技术上也有少量的专利布局。

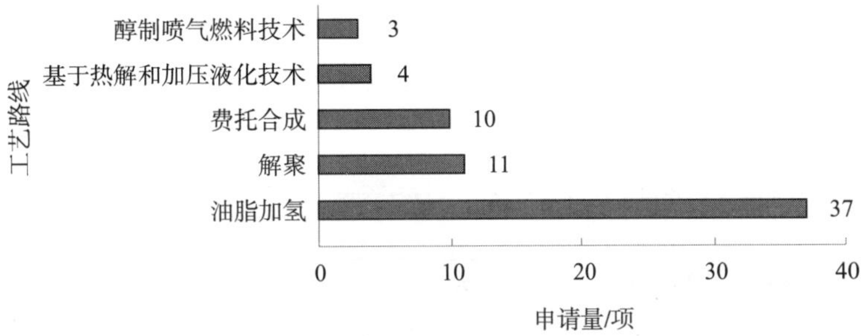

图7-3-7 中国石化可持续航空燃料相关专利工艺路线分布

第8章　结论和建议

8.1　结　　论

8.1.1　可持续航空燃料关键技术整体专利状况

8.1.1.1　可持续航空燃料领域发展呈现政策性驱动

可持续航空燃料领域受政策性驱动影响较大，以美国和欧洲为首的西方发达国家或地区，通过建立全球化的碳排放标准体系推动着该领域技术的发展，全球新冠疫情的暴发对航空业低碳发展造成一定的影响，但是随着全球民航业的复苏，绿色低碳继续成为全球民航业发展的主基调之一，可持续航空燃料领域也会迎来另一个发展热潮。

8.1.1.2　中美竞争态势日渐凸显

美国和欧洲几个国家在可持续航空燃料领域先于我国发展，具有先发优势，并且逐渐形成了具有全球影响力的国际巨头。我国近些年加快发展，在全球市场分布上逐渐呈现快速追赶趋势。美国和欧洲重视我国可持续航空燃料领域市场布局，欧美产业化程度较高，申请人以具有全球产业化能力的企业为主，国内申请人主要集中在少数央企、高校、科研院所，新进入者呈现增长态势，持续为我国该领域的发展注入活力。

8.1.2　可持续航空燃料原料及工艺专利整体态势

8.1.2.1　可持续航空燃料原料多元化发展是主要趋势

可持续航空燃料产业链上游原料包括可持续生物原料和可持续合成原料。可持续生物原料包括油脂类原料、木质纤维素类原料、生活废弃物，可持续合成原料包括醇类原料、糖类原料及CO_2等。虽然制备可持续航空燃料的原料种类不少，但仍存在原料获取成本高、原料来源不稳定及原料长期供应困难的问题。在长期发展中，原料的可持续性是可持续航空燃料商业化的重要挑战，可持续航空燃料的制备原料应该具有产量大、分布广、价格低、不与人争粮、不与粮争地等特点。通过对制备原料各分支全球专利申请量趋势进行分析，在可持续航空燃料制备原料发展之初，呈现出原料多元化、并行化发展的景象。并且，通过对中美两国技术构成进行分析，中国创新主体更偏向于使用可持续生物原料中的油脂类原料、木质纤维素类原料。在油脂类原料中，中国以废弃油脂、油料作物为主，美国的废弃油脂、油料作物、产油微生物三种原料发展较为均衡，占比均在33%左右，相比较而言，中国在第三代生物原料产油微生物的研发力度较弱。在木质纤维素类原料中，中国是以农林废弃物为主，木质纤维素类作物占比较低。

8.1.2.2 我国市场潜力大，国外创新主体瞄准我国市场

通过对可持续航空燃料关键技术制备原料全球布局区域进行分析，该领域的市场主体主要集中在中国和美国。美国占比高达44.00%，美国通过政府扶持、提供补贴、政府采购等方式促进生物燃料在航空等运输业的使用和推广，在该领域市场活跃度高、竞争激烈；中国占比24.71%，中国作为世界第一人口大国，我国民航运输市场需求潜力巨大，能源消费和排放刚性增长，实现民航绿色转型、全面脱碳时间紧、难度大、任务重。

通过可持续航空燃料关键技术制备原料全球主要申请人的分析，全球排名前十的申请人中有六个来自美国，分别为埃克森美孚、艾克西莱、陶氏杜邦、UOP、雪佛龙及乙基，两个来自中国，分别是中国石化和中科院所。通过可持续航空燃料关键技术制备原料中国申请技术来源分析，中国专利申请中，国内申请占比62.04%，国外申请占比37.96%，国外申请占比较高，国外各大创新主体纷纷瞄准中国市场，在中国市场开启专利布局。

8.1.2.3 可持续航空燃料标准和非标准相关工艺各有发展

ASTM D7566所涉及的七条技术路线的总体技术发展过程与可持续航空燃料技术的整体发展过程基本一致，均在2000年后呈现快速增长。同时，由于美国于2009年起草了ASTM D7566这一执行标准，与其相关的各条技术路线的专利申请于2010年起均呈现爆发式增长。与A5技术路线相关的专利申请量始终高于其他路线的专利申请量。A6技术路线目前仍处于申请数量较低水平，这可能与该技术路线在标准中确立时间较晚，技术改进难度较大有一定的关系。通过全球专利有效性对比可以看出，各条技术路线分支中获得专利权的有效专利数量均在30%～40%，且目前仍有相当数量的专利申请正在审查阶段，这也表明对与标准相关的各条技术路线分支的研究仍均处于上升期。

对比全球各条路线的申请高峰区域发现，全球的申请高峰期集中于2011～2014年，而国内的申请高峰期集中于2015～2017年。这说明我国在各条技术路线的专利申请发展相对于全球有所滞后，仍属于跟进状态。美国在各条技术路线分支上申请量均为最多，具有优势和主导地位，中国紧随其后，英国、荷兰和日本则位列第三至五位。虽然中国在各条技术路线分支的专利申请量均少于美国，但在A6分支的申请量上却与美国旗鼓相当，这也说明了我国在该技术路线上具有一定的研发优势。

与标准相关的各条技术路线专利申请人排名前五位有壳牌公司、埃克森美孚、中国石化、耐斯特、艾克西莱，上述公司均在不止一条技术路线上具有专利布局，这也说明了各大公司、企业在研发和改进中并不拘泥于单一技术路线，而是多条路线同时布局。中国石化在A2/A7路线分支上具有一定优势，专利布局较多。A3和A5的主要申请人中均未出现我国企业，是我国风险较大的两条标准工艺。对于在华申请，中国石化、壳牌公司等企业依然是主要的专利申请人，特别是中国石化在多条技术路线上均占据了主要地位。同时，相比于全球的情况，国内更多的高校和科研院所成为主要

申请主体，尤其是A6这一技术路线，其前五位申请人中，高校占据了四个席位。这说明该技术路线分支在国内仍处于试验研发阶段，产业化发展需要进一步的推进。

（1）酯类或脂肪酸加氢工艺

全球酯类或脂肪酸加氢工艺路线经历了两个发展期。第一发展期从2006年开始，经过快速增长，到2009年形成了一个小高峰，酯类或脂肪酸加氢工艺路线在2011年通过了ASTM D7566－09标准认证；随着该工艺路线获得标准批准，2012年该路线迎来了研究的最高潮。第二发展期从2014年开始。第二发展期的发展整体落后于第一发展期。2020年，以藻油为原料HC－HEFA工艺路线获得批准为油脂加氢工艺路线的发展迎来了新的契机。

从中美专利申请量最高峰出现的时间和最高峰的峰值可以看出，中国一直处于跟跑阶段。美国的有效专利是中国的近两倍，说明美国在油脂加氢市场作了更多的专利布局，而中国有一大部分专利处于在审状态，中国油脂加氢工艺发展相对较晚，中国石化、UOP和耐思特是油脂加氢领域的主要申请人。UOP是最早提出专利申请的公司，首先布局方向是对加氢异构的工艺和催化剂进行改性，通过控制异构条件优化燃料组分和提高收率，随后将关注点转移到了加氢脱氧工艺的改进、提高燃料冷流性能，此后开始关注异构化后的后处理工艺来提高触媒性能和收率；UOP对原料的要求比较高，氢耗较大导致成本较高，随后开始研究富氮原料、副产物制氢以及循环使用氢，总体来说，UOP对油脂加氢工艺路线是全流程进行关注，UOP是中国石化“走出去”会遇到的最大风险。

在油脂加氢工艺的主要发展方向上，对提高收率、优化性能和优化组分方面的研究比较多，对延长催化剂寿命以及降低成本方面关注度比较少。对收率、热值、冰点以及组分影响最大的因素是加氢脱氧工艺、加氢异构工艺以及预处理工艺上的改进。从关键技术手段上，原料和后处理工艺的研究较少。在原料的研究方面，主要集中在通过各种生物质原料之间的混合，克服原料间的缺点来提高收率、优化产物组分以及降低成本，而在后处理工艺方面，主要是通过对异构后的副产物进行再异构等工艺处理以提高可持续航空燃料的产率并优化可持续航空燃料的组分。载体和过渡金属种类的选择对收率、催化剂寿命以及组分有重要影响，其中载体研究最多的是分子筛，活性组分研究最多的是钴镍/钼钨组合，通过对申请人分析发现中国石化和南开大学均是加氢催化剂研究的重要申请人。

（2）催化加氢热解工艺

催化加氢热解工艺在2013～2015年形成一个研究高峰。由于中国申请人包括浙江大学等高校进驻该领域的研究，将研究重心向催化剂研发等方面倾斜，为催化加氢热解工艺路线的发展带来了新的契机，使得该领域逐步进入新的发展期，申请量自2018年起再次呈现上升趋势。通过中美催化加氢热解专利申请趋势的对比，自2015年之后，中国和美国的申请量出现了一个“剪刀叉”，我国在催化加氢热解领域的专利申请量开始超越美国。中国专利的有效量略多于美国，说明我国虽然加入催化加氢热解领域的市场较晚，但是近几年正在逐步地加快自身发展。

虽然全球主要申请人前五位中我国已占据两个席位，但我国的主要申请人均为高校，说明我国在催化加氢热解领域仍处于试验研究阶段，产业化能力有待提高。我国在催化加氢热解产业化应用方面仍处于起步阶段，将研究成果向产业化转变是未来的发展重点。随着时间的发展，预处理工艺和催化水解工艺路线的研究逐渐成熟，研究者们开始将目光集中在溶剂的改进和加氢脱氧催化剂的选择及制备上，这将成为未来一段时间内的研究热点。

（3）解聚及碳链加长工艺

国外已有产业基础，国内企业开始加强专利布局。国外企业已经对整体工艺进行了保护，其中壳牌公司、维仁特等企业重点研究如何降低解聚工艺的生产成本，我国申请人主要针对该工艺的改进和替代路线进行研究，在催化剂、缩合路线以及缩合产物加氢处理等方面有较多的创新。壳牌公司拥有绝对的技术优势，其在纤维素类生物质解聚领域积累了大量经验，并有比较成熟的工业化体系，依托其技术先发优势，壳牌公司在该领域布局了大量的专利。

申请量较高的国内申请人包括中科院所和中国石化。中科院所主要依托其研发优势，提出了新的小分子缩合路线以及效率较高的催化剂，而中国石化主要是依托其油脂加氢技术，对缩合后产物的脱氧加氢工艺进行了改进。我国企业在发展解聚类可持续航空燃料时应重点关注壳牌公司的有关申请，对其在我国的有效专利加以规避。

解聚缩合工艺和催化剂是解聚及碳链加长技术研发重点之一，需要更加关注提高收率、延长催化剂寿命、优化组分和降低成本等方面。对提高收率有显著影响的关键技术手段是解聚工艺及装置、缩合工艺及装置以及解聚和缩合催化剂的选用；对延长催化剂寿命影响最大的是解聚工艺及装置以及解聚催化剂的选择，对优化组分影响最大的关键因素是解聚工艺及装置、缩合工艺及装置以及解聚和缩合催化剂的选择，对降低成本影响最大的关键技术手段是解聚工艺及装置、缩合工艺及装置以及解聚催化剂的选用。解聚催化剂的研究方向主要包含硫醇、树脂、载体、贵金属、过渡金属以及催化剂的制备方法，硫醇类解聚催化剂主要能够优化航油组分并降低航油的冰点，树脂类催化剂主要是提高收率、延长催化剂寿命以及优化组分，载体主要是提高收率、延长催化剂寿命以及降低成本，贵金属的选择主要是提高收率，过渡金属主要是提高收率、降低成本以及延长催化剂寿命，而催化剂的制备方法主要是影响催化剂的寿命以及制造成本。缩合催化剂的研究方向包括载体、贵金属、过渡金属、碱金属、离子液体、树脂以及杂多酸，贵金属、过渡金属以及载体是对技术效果影响最大的因素，其中过渡金属的选择无论对收率、组分、热值以及成本都具有有益的影响，其次是贵金属和载体的选择，而碱金属主要影响的是提高收率和降低冰点，离子液体主要是提高收率，树脂影响的主要是提高收率和优化组分，杂多酸主要影响的是提高收率。

（4）基于热解和加压液化的工艺

基于热解和加压液化工艺具有工艺简单、投资成本低、反应迅速、装置容易大型化等优势，其相应的生物原料包括木质纤维素类原料、生活废弃物等，木质纤维素类原料又包括木质纤维素类作物（如象草、紫叶狼尾草）、农林废弃物（如秸秆、树枝、稻壳）等，生活废弃物包括污泥、动物排泄物等又是我国优势生物质原料，是目前最符合我国国情、最具潜在标准开发潜力和值得探索的生物质利用技术之一。

美国在该领域是处于绝对领先地位的技术来源国，有效专利占比高达69.27%，该领域美国专利价值度相对较高，易于成果转化，具有较高的市场竞争力；中国有效专利占比为44.77%，中国专利的市场竞争力稍弱于美国。

美国木质纤维素类原料来源丰富，是该领域的主要市场。全球排名前十位的申请人中，其中美国申请人占据八席，分别包括排名第一及第二的安辛可再生能源有限公司和KiOR公司，以及菲利浦66、酷星球能源公司、维仁特、巴特勒迈、质子电力及埃克森美孚。

从关键技术手段上来看，原料和前处理工艺的研究较少，提质工艺关注度最高。原料的研究主要集中在通过各种生物质原料之间的混合，以优化原料的有效氢碳比等，进而提高收率及优化产物组分，前处理的目的主要在于优化产物组分、提高收率及降低成本，热解催化剂的研究热点在于如何提高收率及优化组分，热解工艺则集中在提高收率及降低成本，提质催化剂及提质工艺均重点关注于如何提高收率、优化组分及延长催化剂寿命。

较先专利布局的申请人均为国外申请人且具有多流程布局的特点，而国内申请人于2015年之后才有布局，起步较晚，主要集中在原料、热解工艺和设备的领域，在催化剂和提质工艺上仍处于空白位置。基于热解和加压液化专利技术中有关原料催化剂的有效专利较少，属于该技术领域的可突破方向。

8.1.3 重点申请人专利分析

8.1.3.1 壳牌公司

（1）申请趋势放缓，全球性专利布局

壳牌公司在全球布局了可持续航空燃料相关的专利285项，共计1349件。从申请趋势来看，其与全球专利申请趋势整体趋同，自2008年开始，每年专利申请量进入快速增长阶段，2013年之后申请量开始下滑，2016~2018年又有短暂的增长，2019年之后申请量有所减缓。从地域分布来看，壳牌公司的主要市场是美国、巴西、欧洲和中国，申请量都在100件以上。值得注意的是，在中国的116件申请中，有69%的专利失效，有效专利仅为22.4%，在审专利占比8.6%。

（2）技术分布特点明显，重点技术布局全面

在壳牌公司的全球申请中，涉及可持续航空燃料制备方法的专利共计197项，涉及燃油组分88项。壳牌公司的主要技术是纤维素解聚及碳链加长技术，在其他技术方面布局较少。在市场分布中，中国仅次于巴西和欧洲市场。关于解聚及碳链加长技术，在中国申请66件，但有80%的专利已失效。对壳牌公司的与纤维素解聚及碳链加长相关的139项专利进行重点分析，发现其技术主要涉及纤维素的解聚过程，包括纤维素的预处理、解聚催化剂的选用、解聚条件的选择、解聚产物的处理、缩合催化剂选用及缩合条件选择等。

8.1.3.2 UOP

（1）重点布局油脂加氢技术，标准工艺布局全面

UOP在全球申请可持续航空燃料相关专利共计82项。从2008年开始，UOP开始布局可持续航空燃料相关申请，最早申请的是油脂加氢工艺的相关技术；2009年，UOP涉足生物质热解工艺，但申请数量不高；2011年，UOP开始布局利用藻油加氢脱氧生产可持续航空燃油的相关专利；2013年，UOP开始布局醇制喷气燃料技术，申请量达到高峰，之后开始下滑；2021年，UOP继续申请油脂加氢相关专利，主要关注气体流中硫化氢的高效循环利用，以及更优异性能的加氢脱氧和加氢异构工艺。

（2）全球性专利布局，核心技术授权许可

UOP在全球各地授权许可Ecofining工艺生产可持续航空燃料，其与我国企业东华能源股份有限公司签署战略合作协议，在茂名建设可持续航空燃料生产基地，年产量达100万吨。从专利分布可以看出，美国、欧洲、印度、巴西及中国是UOP的主要市场；我国企业中国石化已经开始了油脂加氢工艺的工业化生产，应注重其在中国布局的重点专利。

对UOP全球申请的技术分布进行分析，发现其82项申请中，有66项均是关于油脂加氢工艺；在其他申请中包括醇制喷气燃料工艺相关申请10项，热解生物油工艺5项，发酵和费托工艺各1项，UOP重点布局在油脂加氢技术和醇制喷气燃料技术，而且大部分专利的主题均涉及ASTM D7566标准中的相关工艺。

对UOP涉及油脂加氢工艺的相关专利进行进一步分析，发现相关专利不仅涉及常规油脂加氢技术中的加氢脱氧、加氢异构、裂解、催化剂、氢气供应等技术，还涉及藻油原料的处理、常规炼油设备改造、油脂加氢与烷基苯联产工艺、反应器的材料、反应设备的耐腐蚀处理以及生物燃料的测试等技术主题，为油脂加氢工艺的工业化生产提供了全套的解决方案。

（3）在国内有重点专利布局，关注侵权风险

UOP油脂加氢工艺相关专利在中国仍有较高数量的布局，我国企业中国石化早在2011年就有相关的专利布局，且镇海炼化的年产10万吨可持续航空燃料的生产装置已经开始运行，该套生产装置正是采用油脂加氢工艺。

进一步对UOP在中国布局的11件油脂加氢工艺相关专利进行分析，其中，有5件是有效专利，主要涉及生物柴油和生物航空燃料的联产，藻油的加氢脱氧，反应器的防腐蚀处理以及烷基苯和生物航空燃料的联产，相关申请的权利要求保护范围概括的较大，我国企业在进行生产时应当关注其权利要求的技术方案，降低侵权风险。中国石化的专利布局点主要在于加氢脱氧工艺、加氢异构催化剂、以及异构后产物的后处理，由于油脂加氢的工艺相对比较成熟，中国石化并未布局相关的基础性专利，其生产具有一定的专利风险。

UOP的6件失效专利中包含保护范围更大的油脂加氢基础性专利，如CN102027097A（由可再生原料生产航空燃料），上述申请被驳回后经过复审，仍被认定为没有创造性。审查员选用的对比文件为EP1396531A2，用于生产一种生物来源的

烃组分的方法，该专利正是耐斯特于2003年申请的专利，该专利在欧洲经过无效和异议后仍保持有效，是一项重要的基础性专利，不过其在中国并无同族专利申请。

8.2 风险预警

8.2.1 宏观态势风险预警

8.2.1.1 我国宏观整体态势上面临着对内发展和对外发展双重风险

民航业的发展高度依赖全球化，通过分析全球可持续航空燃料领域技术的来源和输出情况，美国是全球相关技术的输出大国，在我国及欧洲等国家或地区都有大量的技术布局，尤其是国际主要申请人在我国均有持续性的专利布局，整体申请数据量占比达到50%以上，同时对比我国该领域的重点企业，目前以国内布局为主，技术输出较少，尤其与美国和欧洲发达国家或地区存在巨大的差距，因此在未来全球化竞争的过程中存在一定的风险。

8.2.1.2 我国原料来源多元化发展存在一定风险

可持续航空燃料产业链上游制备原料包括可持续生物原料和可持续合成原料。可持续生物原料以油脂类原料、木质纤维素类原料、生活废弃物为主，可持续合成原料以醇类原料、糖类原料及CO_2等为主。通过中美两国技术构成分析，中国创新主体更倾向于使用可持续生物原料中的油脂类原料、木质纤维素类原料。在油脂类原料中，中国以废弃油脂、油料作物为主，美国的废弃油脂、油料作物、产油微生物三种原料占比均在33%左右，发展较为均衡，相比较而言，中国在第三代生物原料产油微生物的研发力度较弱。在木质纤维素类原料中，中国是以农林废弃物为主，木质纤维素类作物占比较低。在可持续航空燃料领域，发达国家或地区基本是以原料多元化为主，以克服未来发展原材料不足的困难。因此整体对比，我国在原材料多元化发展过程中存在一定风险。

8.2.2 技术路线发展风险预警

8.2.2.1 油脂加氢工艺路线

油脂加氢技术路线是目前国际上采用较多的技术路线，我国在该领域起步较晚，发展前期国外申请人员布局了一定数量的基础专利，尤其是UOP、耐思特等国际企业在中国维持了一定数量的有效专利，并且相对质量较高，保护范围相对较大，我国重点申请人中国石化也有相关的项目上马，中国石化虽然有较高数量的专利布局，但通过技术分析，基础性专利较少，还应重点关注。如果中国石化需要将相关生产线在国外上马，应关注相关企业在当地的有效专利，避免侵权。

8.2.2.2 解聚及碳链加长技术路线

解聚及碳链加长技术路线的原料来源相对广泛，价格也较低，比较符合我国的国情，也是我国中长期需要发展的技术路线。目前，我国的中国石化和中科院所有一定的研究，并布局了一定数量的专利。但是，对于该技术路线，从技术角度和专利撰写的方式来看，大部分基础专利均掌握在壳牌公司、维仁特等国外申请人手中，国内申请人的基础性专利较少，结合壳牌公司和维仁特等企业在我国的专利布局，可以得出相关技术在国内的产业化存在一定的专利侵权风险和技术壁垒。值得注意的是，壳牌公司的相关申请在我国的有效专利较少，我国申请人可以分析失效专利和有效专利的技术和保护范围，寻求技术突破。

8.2.2.3 基于热解和加压液化的技术

基于热解和加压液化的技术主要原料为木质纤维素类原料。美国木质纤维素类原料来源丰富，是该领域的主要市场，专利布局量占比高达25%，中国占比仅在13%左右，中国要在该技术领域进行发展可能会面临美国市场的竞争。全球排名前十位的申请人中，美国申请人占据八席，分别包括排名第一及第二的安辛可再生能源有限公司和KiOR公司，以及菲利浦66、酷星球能源公司、维仁特、巴特勒迈、质子电力及埃克森美孚。

从整体技术演进路线来看，基于热解和加压液化的技术领域得到中外企业和科研院所全流程各个工艺步骤的研究，较先专利布局的申请人均为国外申请人且具有多流程布局的特点，如美国KiOR公司、UOP、安辛可再生能源有限公司和巴特勒迈，而国内申请人于2015年之后才有布局，起步较晚，主要集中在原料、热解工艺和设备的领域，在催化剂和提质工艺上仍处于空白位置，因此整体上在热解和加压液化工艺路线发展方面存在一定风险。

8.2.3 微观技术风险预警

8.2.3.1 油脂加氢技术路线

UOP在中国布局的11件油脂加氢相关专利中，虽然仅涉及5件有效专利，但是相关申请的权利要求保护范围概括的较大，专利的主题主要涉及生物柴油和生物航煤的联产、藻油的加氢脱氧、反应器的防腐蚀处理以及烷基苯和生物航煤的联产。我国企业在进行生产时有一定的侵权风险，应当关注其权利要求的保护范围，研究替换方案或者对其进行规避。

在原料的预处理工艺上国外申请人作了较多的专利布局，我国申请人的专利布局较少，而预处理工艺对催化剂寿命以及产品性能都有着较大的影响，并最终影响产业化。因此，我国在预处理工艺上的专利布局存在风险。UOP和中国石化的异构催化剂均涉及负载在硅铝载体上的第Ⅷ族金属，后处理均涉及异构化的产物再异构。UOP是中国石化走出去的最大风险。

8.2.3.2 解聚及碳链加长工艺

解聚及碳链加长工艺中，壳牌公司和维仁特是主要的国外申请主体。壳牌公司在解聚技术中申请的主题主要包括纤维素类原料的预处理，去除金属和阴离子、氯和磷、降低含水量、降低硫氮含量。我国申请人并未申请相关技术，而原料的预处理是解聚和碳链加长技术的必要步骤，因此，我国申请人应当关注相关技术点的微观风险。关于解聚的工艺条件，如反应的温度和压力，步骤中用到的分离除杂、降低黏度等工艺，以及各种供氢装置，再加工装置等，也是壳牌公司布局的重点，解聚步骤是该工艺的重要步骤，存在较高的微观风险。对于解聚产物处理步骤，壳牌公司申请了加氢脱氧处理、循环处理、分馏处理、沉淀除杂处理、提纯处理以及特定产物分离处理等相关内容。

从技术功效分析的角度来看，除了解聚缩合工艺，全球申请人在解聚和缩合催化剂领域也布局了大量专利。对于解聚催化剂来说，载体和过渡金属催化剂是专利布局的重点，国内申请人应当重点关注；对于缩合催化剂来说，较为成熟的技术是采用贵金属催化剂，但近年来也申请了大量的过渡金属催化剂专利，专利申请数量已经超过了贵金属，是新的布局重点，同时也是风险点。

壳牌公司在中国有效专利为12件，其主要涉及的内容为：纤维素的水热煮解；中间产物作为循环溶剂；底部馏分闪蒸制备产物；小分子脱氧缩合；催化剂离床速度；催化剂耐水性；产物脱氢缩合；自产氢循环；脱除纤维素颗粒。维仁特共涉及有效专利6件，主要涉及的内容为：特定的解聚溶剂；缩合反应物及催化剂；低分子量化合物制备；氧化烃加氢脱氧缩合；含氧烃催化生成多元醇。从重点专利的权利要求可以看出，壳牌公司在方法类权利要求撰写时，对原料、产物、催化剂和溶剂进行了较上位的限定，如第一反应产物，氢解催化剂，脱氢催化剂等，对于各组分也是采用较上位的开放式限定，如至少部分碳水化合物原料、包含碱官能度的缩合催化剂、包含稳定的羟基中间产物的第一反应产物等。上述技术点是我国企业需要重点关注的技术风险点。

8.2.3.3 基于热解和加压液化的技术

对该领域国外申请人在中国布局的相关专利进行梳理，主要涉及藻渣的水热液化处理，水热液化和水相重整的配合处理，加压液化所用溶剂的特殊选择，催化加氢时金属活性组分的改进，加氢催化热解催化剂结构的改进及控制加氢催化热解流化床床层流速实现固体产物炭和催化剂的分离等，相关申请的权利要求保护范围概括得较大，我国企业在进行生产时应当关注其权利要求的技术方案，降低侵权风险。

8.3 建　　议

8.3.1 标准工艺路线

通过对相关专利进行分析，ASTM D7566 所涉及的七条技术路线的总体技术发展过程均在2000年后呈现快速增长，并自2010年起均呈现爆发式增长。通过全球专利有效性对比可以看出，各条技术路线分支中获得专利权的有效专利数量均在30%～40%，且目前仍有相当数量的专利申请正在审查阶段，这也再次说明与标准相关的各条技术路线分支的研究仍均处于上升期。

美国在各条技术路线分支上申请量均为最多，具有优势和主导地位，中国紧随其后。虽然我国在各条技术路线分支的专利申请量均少于美国，但在 A6 分支的申请量上却与美国旗鼓相当，说明我国在该技术路线上具有一定的研发优势。

与标准相关的各条技术路线专利申请人排名前五位的有壳牌公司、埃克森美孚、中国石化、耐斯特、艾克西莱，上述公司均在不止一条技术路线上具有专利布局，这也说明了各大公司企业在研发和改进中并不拘泥于单一技术路线，而是多条路线同时布局。中国石化在 A2/A7（酯类和脂肪酸类加氢生产工艺）路线分支上具有一定优势，专利布局较多，我国可以考虑在该路线上继续提升优势，确保我国在该标准工艺路线上的持续突破，为我国建立自主标准打下一定的基础。同时，相比于全球的情况，国内更多的高校和科研院所成为主要申请主体，尤其是 A6 这一技术路线，该技术路线分支在国内仍处于试验研发阶段，产业化发展需要进一步的推进。

结合碳达峰、碳中和相关政策，逐步扩大我国航空业中可持续航空燃料的市场需求，对中国石化等有能力生产可持续航空燃油的企业给予政策扶持，降低企业的生产成本，鼓励上游原料供应商的发展，使中国石化等企业能够专注于催化剂、加氢工艺等核心技术的开发。

中国石化的专利布局点主要在于加氢脱氧工艺、加氢异构催化剂、以及异构后产物的后处理，由于油脂加氢的工艺相对比较成熟，中国石化并未布局相关的基础性专利，其生产具有一定的专利风险；一方面，中国石化要对国内的外国申请人有效专利进行分析，避免侵权造成损失；另一方面，中国石化依托自身研发优势，可以大力发展新型催化剂和催化工艺，并进一步降低生产成本，相关技术成熟后完成全面的专利布局，通过专利许可的方式向原料成本和生产成本较低的地区输出技术，建立生产基地，逐步扩大可持续航空燃料的市场占有率。对于国内其他申请人来说，一方面，可持续航空燃油的生产成本较高，而中国石化基本上能够满足市场需求，因此，应尽量避免盲目投产，建议依托自身研发优势，在新型低成本催化剂、加氢脱氧工艺等方面加强研究，进一步降低生产成本，提高生产效果；另一方面，一些上游企业，如餐饮废油原料供应商可以积极与中国石化寻求合作，利用双方优势，进一步降低中石化的原料采购和运输成本，从而形成完整且成熟的产业链。

8.3.2 非标准工艺路线

对可持续航空燃料生产工艺的各个分支进行分析可以看出，2013 年以前，整体工艺以醇制喷气燃料技术和油制喷气燃料技术传统合成工艺为主，近年来，随着上述技术的日渐成熟，解聚工艺和 RCF 逐渐发展为新兴研发热点。从国际产业和技术发展来看，全球解聚及碳链加长工艺在 2006～2010 年都处于技术积累期，2014 年，全球申请进入了爆发期，壳牌公司、维仁特等国外公司纷纷布局大量专利，2015 年以后，我国申请人如中国石化、中科院所等，也开展了相关的研究，使得全球申请量缓慢上升。从目前的产业发展来看，解聚及碳链加长工艺有可能成为今后纳入标准的相关工艺。

从我国的国情来看，油脂类原料虽然能够满足一定的原料需求，且我国有一定的技术储备和产业基础，但是油脂类原料收集比较困难，产业发展受限于原料的收集和精制成本；解聚工艺以及基于热解和加压液化的工艺所使用的原料均为纤维素类作物，纤维素类的原料可以实现集中种植，能够一定程度上减少原料的运输和精制成本，相关的原料和工艺对我国而言有一定的发展潜力。而且，我国申请人如中国石化、中科院所对解聚技术已经有了一定的技术储备，具有产业化的可能性。虽然国外有部分企业做到了纤维素类原料解聚及碳链加长的工业化生产，但规模相对较小，相比于油脂加氢技术的成熟，解聚及碳链加长技术在全球工业化程度上还有较大布局空间。

通过对相关重点申请人的分析可以得出，目前壳牌公司掌握了相关工艺的成熟技术，其在中国布局的专利相对较少，而且在中国布局的专利多数失效，并未形成有效的专利壁垒，现阶段是我国大力发展相关技术的有利时机。因此，建议国内企业、科研院所加强在我国的专利布局，降低自身侵权风险的同时，也能对国外企业的产业布局造成一定的影响；由于原料的供应优势，建议国内企业、科研院所在技术成熟的基础上，上马小型的生产线，为之后的大规模生产打下基础。

8.3.3 建立独立自主可控标准的建议

8.3.3.1 推动油脂加氢工艺路线可纳入国内标准

中国在油脂加氢工艺路线上虽然起步较晚，但目前已经实现产业化，是国内较为成熟的工艺路线，且从国外申请人在国内市场的布局来看，风险专利较少，并未出现专利壁垒，持续提升该技术路线的发展，为国内形成独立、自主、可控的标准奠定基础。

8.3.3.2 加大市场引领，降低可持续航空燃料成本

通过调研发现，油脂加氢工艺路线的成本主要来源于认证成本以及专罐专用，通过专利检索发现，针对可持续航空燃料的储运加注装置的专利几乎没有，侧面印证了国外可持续航空燃料和传统航空燃料在储运加注上并没有专罐专用，而使用传统航空燃料的储运加注装置无疑会大大降低成本。

8.3.3.3 依托龙头、校企合作，繁荣可持续航空燃料市场

空中客车与中国航空油料集团公司签署可持续航空燃料采购协议，用于空客天津的交付飞行，此次采购的可持续航空燃料将由中国石化镇海炼化厂使用餐饮废弃油作为原材料炼制生产。因此，我国应强化中国石化作为龙头企业的带动效应。此外，南开大学与天津蓖能科技有限公司的校企合作，提升了该领域的产学研转换效果，建议中科院所、北京航空航天大学等国内可持续航空燃料主要申请人，也通过这种方式加大科研成果转化力度。

8.3.3.4 依托国产大飞机 C919 建立认证标准

国际、国内环境目标不断提高，航空环境标准日趋严格，已成为我国民航业发展的硬约束，并将对我国综合竞争力和绿色发展转型产生深远影响。可持续航空燃料是实现国际航空 2050 碳中和唯一能源路径，担负着国家能源安全和碳减排双重使命。我国可持续航空燃料产业滞后于国外，与我国民航市场规模严重不匹配，这其中传统安全性认证路线受控于欧美航空强国是最大的瓶颈。欧美基于传统航空燃料使用经验提

出的以美国 ASTM - D4054、D7566 为代表的现有认证标准，替代燃料认证路径与燃烧室、发动机和飞机型号深度捆绑，造成认证流程冗长、成本高。国产可持续航空燃料认证直接受制于波音、空客以及欧美航空产品制造商，无法找到适合的航空器进行燃料认证，也就无法进入市场，造成航空公司无油可买，“卡脖子”问题极为突出。

国产 C919 大飞机于 2022 年投入市场，却面临可持续航空燃料无法获得发动机制造商许可来进行验证的窘境。因此，建议我国通过创新认证路径，破解发展枷锁，提升中国民航国际航空环境治理能力，争夺国际话语权，实现跨越式发展；加快建设相关认证设施和组织机构，开展认证标准和流程研究，充分发挥民航大市场优势、牵引拉动多产业联动发展，支撑民航业的高质量发展。

尽管列入 ASTM D7566 - 22 附录的炼制工艺已经扩展到七种，但可持续航空燃料工艺目前还存在生产规模小、投资强度大、原料来源不稳定及规模化供应困难、生产成本高等问题。可持续航空燃料工艺大多为先进国家提出，我国提出的新路线较少，自主技术比较欠缺。在非标准工艺中，关于解聚及碳链加长技术，中国具有较好的研发实力。我国可以该技术路线上加大扶持力度，实现弯道超车，助力我国自主标准的制定。

图索引

表索引

书　号	书　名	产 业 领 域	定价	条　码
9787513006910	产业专利分析报告（第 1 册）	薄膜太阳能电池 等离子体刻蚀机 生物芯片	50	9 787513 006910 >
9787513007306	产业专利分析报告（第 2 册）	基因工程多肽药物 环保农业	36	9 787513 007306 >
9787513010795	产业专利分析报告（第 3 册）	切削加工刀具 煤矿机械 燃煤锅炉燃烧设备	88	9 787513 010795 >
9787513010788	产业专利分析报告（第 4 册）	有机发光二极管 光通信网络 通信用光器件	82	9 787513 010788 >
9787513010771	产业专利分析报告（第 5 册）	智能手机 立体影像	42	9 787513 010771 >
9787513010764	产业专利分析报告（第 6 册）	乳制品生物医用 天然多糖	42	9 787513 010764 >
9787513017855	产业专利分析报告（第 7 册）	农业机械	66	9 787513 017855 >
9787513017862	产业专利分析报告（第 8 册）	液体灌装机械	46	9 787513 017862 >
9787513017879	产业专利分析报告（第 9 册）	汽车碰撞安全	46	9 787513 017879 >
9787513017886	产业专利分析报告（第 10 册）	功率半导体器件	46	9 787513 017886 >
9787513017893	产业专利分析报告（第 11 册）	短距离无线通信	54	9 787513 017893 >
9787513017909	产业专利分析报告（第 12 册）	液晶显示	64	9 787513 017909 >
9787513017916	产业专利分析报告（第 13 册）	智能电视	56	9 787513 017916 >
9787513017923	产业专利分析报告（第 14 册）	高性能纤维	60	9 787513 017923 >
9787513017930	产业专利分析报告（第 15 册）	高性能橡胶	46	9 787513 017930 >
9787513017947	产业专利分析报告（第 16 册）	食用油脂	54	9 787513 017947 >
9787513026314	产业专利分析报告（第 17 册）	燃气轮机	80	9 787513 026314 >
9787513026321	产业专利分析报告（第 18 册）	增材制造	54	9 787513 026321 >
9787513026338	产业专利分析报告（第 19 册）	工业机器人	98	9 787513 026338 >
9787513026345	产业专利分析报告（第 20 册）	卫星导航终端	110	9 787513 026345 >
9787513026352	产业专利分析报告（第 21 册）	LED 照明	88	9 787513 026352 >

书　号	书　名	产业领域	定价	条　码
9787513026369	产业专利分析报告（第22册）	浏览器	64	9 787513 026369
9787513026376	产业专利分析报告（第23册）	电池	60	9 787513 026376
9787513026383	产业专利分析报告（第24册）	物联网	70	9 787513 026383
9787513026390	产业专利分析报告（第25册）	特种光学与电学玻璃	64	9 787513 026390
9787513026406	产业专利分析报告（第26册）	氟化工	84	9 787513 026406
9787513026413	产业专利分析报告（第27册）	通用名化学药	70	9 787513 026413
9787513026420	产业专利分析报告（第28册）	抗体药物	66	9 787513 026420
9787513033411	产业专利分析报告（第29册）	绿色建筑材料	120	9 787513 033411
9787513033428	产业专利分析报告（第30册）	清洁油品	110	9 787513 033428
9787513033435	产业专利分析报告（第31册）	移动互联网	176	9 787513 033435
9787513033442	产业专利分析报告（第32册）	新型显示	140	9 787513 033442
9787513033459	产业专利分析报告（第33册）	智能识别	186	9 787513 033459
9787513033466	产业专利分析报告（第34册）	高端存储	110	9 787513 033466
9787513033473	产业专利分析报告（第35册）	关键基础零部件	168	9 787513 033473
9787513033480	产业专利分析报告（第36册）	抗肿瘤药物	170	9 787513 033480
9787513033497	产业专利分析报告（第37册）	高性能膜材料	98	9 787513 033497
9787513033503	产业专利分析报告（第38册）	新能源汽车	158	9 787513 033503
9787513043083	产业专利分析报告（第39册）	风力发电机组	70	9 787513 043083
9787513043069	产业专利分析报告（第40册）	高端通用芯片	68	9 787513 043069
9787513042383	产业专利分析报告（第41册）	糖尿病药物	70	9 787513 042383
9787513042871	产业专利分析报告（第42册）	高性能子午线轮胎	66	9 787513 042871
9787513043038	产业专利分析报告（第43册）	碳纤维复合材料	60	9 787513 043038
9787513042390	产业专利分析报告（第44册）	石墨烯电池	58	9 787513 042390

书　号	书　名	产业领域	定价	条　码
9787513042277	产业专利分析报告（第 45 册）	高性能汽车涂料	70	9 787513 042277 >
9787513042949	产业专利分析报告（第 46 册）	新型传感器	78	9 787513 042949 >
9787513043045	产业专利分析报告（第 47 册）	基因测序技术	60	9 787513 043045 >
9787513042864	产业专利分析报告（第 48 册）	高速动车组和 高铁安全监控技术	68	9 787513 042864 >
9787513049382	产业专利分析报告（第 49 册）	无人机	58	9 787513 049382 >
9787513049535	产业专利分析报告（第 50 册）	芯片先进制造工艺	68	9 787513 049535 >
9787513049108	产业专利分析报告（第 51 册）	虚拟现实与增强现实	68	9 787513 049108 >
9787513049023	产业专利分析报告（第 52 册）	肿瘤免疫疗法	48	9 787513 049023 >
9787513049443	产业专利分析报告（第 53 册）	现代煤化工	58	9 787513 049443 >
9787513049405	产业专利分析报告（第 54 册）	海水淡化	56	9 787513 049405 >
9787513049429	产业专利分析报告（第 55 册）	智能可穿戴设备	62	9 787513 049429 >
9787513049153	产业专利分析报告（第 56 册）	高端医疗影像设备	60	9 787513 049153 >
9787513049436	产业专利分析报告（第 57 册）	特种工程塑料	56	9 787513 049436 >
9787513049467	产业专利分析报告（第 58 册）	自动驾驶	52	9 787513 049467 >
9787513054775	产业专利分析报告（第 59 册）	食品安全检测	40	9 787513 054775 >
9787513056977	产业专利分析报告（第 60 册）	关节机器人	60	9 787513 056977 >
9787513054768	产业专利分析报告（第 61 册）	先进储能材料	60	9 787513 054768 >
9787513056632	产业专利分析报告（第 62 册）	全息技术	75	9 787513 056632 >
9787513056694	产业专利分析报告（第 63 册）	智能制造	60	9 787513 056694 >
9787513058261	产业专利分析报告（第 64 册）	波浪发电	80	9 787513 058261 >
9787513063463	产业专利分析报告（第 65 册）	新一代人工智能	110	9 787513 063463 >
9787513063272	产业专利分析报告（第 66 册）	区块链	80	9 787513 063272 >
9787513063302	产业专利分析报告（第 67 册）	第三代半导体	60	9 787513 063302 >

书　号	书　名	产业领域	定价	条　码
9787513063470	产业专利分析报告（第 68 册）	人工智能关键技术	110	9 787513 063470 >
9787513063425	产业专利分析报告（第 69 册）	高技术船舶	110	9 787513 063425 >
9787513062381	产业专利分析报告（第 70 册）	空间机器人	80	9 787513 062381 >
9787513069816	产业专利分析报告（第 71 册）	混合增强智能	138	9 787513 069816 >
9787513069427	产业专利分析报告（第 72 册）	自主式水下滑翔机技术	88	9 787513 069427 >
9787513069182	产业专利分析报告（第 73 册）	新型抗丙肝药物	98	9 787513 069182 >
9787513069335	产业专利分析报告（第 74 册）	中药制药装备	60	9 787513 069335 >
9787513069748	产业专利分析报告（第 75 册）	高性能碳化物先进陶瓷材料	88	9 787513 069748 >
9787513069502	产业专利分析报告（第 76 册）	体外诊断技术	68	9 787513 069502 >
9787513069229	产业专利分析报告（第 77 册）	智能网联汽车关键技术	78	9 787513 069229 >
9787513069298	产业专利分析报告（第 78 册）	低轨卫星通信技术	70	9 787513 069298 >
9787513076210	产业专利分析报告（第 79 册）	群体智能技术	99	9 787513 076210 >
9787513076074	产业专利分析报告（第 80 册）	生活垃圾、医疗垃圾处理与利用	80	9 787513 076074 >
9787513075992	产业专利分析报告（第 81 册）	应用于即时检测关键技术	80	9 787513 075992 >
9787513075961	产业专利分析报告（第 82 册）	基因治疗药物	70	9 787513 075961 >
9787513075817	产业专利分析报告（第 83 册）	高性能吸附分离树脂及应用	90	9 787513 075817 >
9787513081955	产业专利分析报告（第 84 册）	高端光刻机	70	9 787513 081955 >
9787513082198	产业专利分析报告（第 85 册）	动力电池检测技术	120	9 787513 082198 >
9787513082433	产业专利分析报告（第 86 册）	热交换介质	128	9 787513 082433 >
9787513081962	产业专利分析报告（第 87 册）	商业航天装备制造	110	9 787513 081962 >
9787513081924	产业专利分析报告（第 88 册）	电动汽车续航技术	120	9 787513 081924 >

书　号	书　名	产业领域	定价	条　码
9787513086387	产业专利分析报告（第 89 册）	EDA	108	9 787513 086387 >
9787513086370	产业专利分析报告（第 90 册）	近眼显示	158	9 787513 086370 >
9787513086363	产业专利分析报告（第 91 册）	新能源汽车动力电池安全关键技术	128	9 787513 086363 >
9787513086356	产业专利分析报告（第 92 册）	可持续航空燃料	68	9 787513 086356 >
9787513086349	产业专利分析报告（第 93 册）	航空航天用特种钢材	138	9 787513 086349 >
9787513041539	专利分析可视化		68	9 787513 041539 >
9787513016384	企业专利工作实务手册		68	9 787513 016384 >
9787513057240	化学领域专利分析方法与应用		50	9 787513 057240 >
9787513057493	专利分析数据处理实务手册		60	9 787513 057493 >
9787513048712	专利申请人分析实务手册		68	9 787513 048712 >
9787513072670	专利分析实务手册（第 2 版）		90	9 787513 072670 >